U0009182

翻轉學

翻轉學

使命感

發掘自己的天賦特質，順從天命發揮所長，
人生步入正軌，個人成就邁向巔峰

就是超能力

LEADING FROM PURPOSE

Clarity and the Confidence to Act When It Matters Most

尼克・克雷格 NICK CRAIG 著
姚怡平 譯

感謝以下人士在最重要的時刻投注心力於卑微年邁的我，還看見了我看不見的：

比爾・克雷格和海德・克雷格（我的父母！）
海登・波特（Hayden Porter）
班・福罕（Ben Fordham）
鮑伯・夏福（Bob Schaffer）和鮑伯・納曼（Bob Neiman）
湯瑪斯・萊斯（Thomas Rice）
鮑伯・奎恩（Bob Quinn）
比爾・喬治（Bill George）
史考特・史努克（Scott Snook）

目錄

Part 3

天命的影響，由內到外

各界讚譽

「我們的故事就是從一個使命感開始，所以看到這本書更是會心一笑，當你發現天命，即便路途艱辛，依然能勇敢向前行、無所畏懼，真心推薦。」

——超級旅行者 Elaine & Vicky，Youtuber

「每個人都有獨特天命，我一直深信不移。運用天命我們產生強大能量，影響自己帶領別人，在混亂中站穩腳根。」

——亞蒂絲 EYDIS，臉書心靈對話版主

「我深信每一個生命來到這世上都有它的意義，可惜的是我們卻從未好好的探索自己。所幸這本書提供了一個強而有力的路徑，讓我們有機會可以發揮自己天生獨有的超能力！」

——蘇仰志，雜學校創辦人

「警語：本書講述天命，順從天命後，你在人生、愛、養育子女、領導的方式上都會有所改變。找到天命以後，就再也忘不了，擋不了，學到了也就還不回去了。如果試圖去拋開自己誕生在這人世的理由，可能會引發焦慮、悔恨、困惑、自我懷疑，不斷有一種『我到底在做什麼？』的感覺。一旦開始朝天命奔去，就再也回不了頭。」

——布芮尼．布朗（Brené Brown），《紐約時報》暢銷書《不完美的禮物》作者，摘自本書前言

「尼克．克雷格的大作能引領你找出真誠天命，同時讓你的領導力邁向轉型。克雷格以其深入的了解、出色的洞見、有力的例子，幫助你找出人生中更深一層的意義，為周遭世界帶來長久的影響。」

——比爾．喬治（Bill George），《找到你的真北》（*Discover Your True North*）作者、哈佛商學院資深研究員、美敦力公司（Medtronic）前任董事長與執行長

「在今日的混亂世界領導，最需具備的就是克雷格的使命感著作。跟克雷格合作以後，我的職業路線大幅轉變。要是沒有這段經歷就要去領導班傑利公司，簡直不敢想像。」

——喬斯坦．索爾海（Jostein Solheim），班傑利公司執行長

「我一直花時間思考自己身而為人，想在生涯與職涯中達成什麼。闡述自己的天命，並不是一種發明的過程，而是探索的過程。跟尼克合作，我得以把各種碎片拼起來。找出我個人的天命以後，我身為領導者的影響力也隨之提升。」

——羅夫．漢默斯（Ralph Hamers），荷商安智銀行執行長

「經過二十五年的職場生涯以後，我知道自己有基本的驅動力，卻說不出個所以然來。等到讀了尼克講述天命的著作，才恍然大悟。此後，我的天命有如一道指引的明光，幫我找到自己的重心立足，在最需要的時刻毫不費力地領導。」

——羅倫．舒斯特（Loren Shuster），樂高人力長

「領導力——實用、豁達、謙遜的領導力——是今日的我們最急需的。尼克．克雷格分享他的智慧，讓人人都能造就不同，就從現在開始吧。」

——賽斯．高汀（Seth Godin），《紐約時報》暢銷書《做不可替代的人》作者

「我找到天命以後，就獲得了連我都不曉得自己有的韌性。天命明確的領導者都知道自己支持的、不支持的是什麼，也知道自己跟誰站在一起，在遭逢難關時尤其是如此。如果機

構希望領導者在變化莫測、模稜兩可的情勢下，快速做出合乎道德的決策，那麼《使命感，就是超能力》就是必讀之作。」

——瑟琳娜．密斯丹（Selina Millstam），愛立信全球人才管理副總與主管

「只要人們連結到天命，就會發生力量強大的事情。本書闡述原因與做法。尼克．克雷格運用聰明的洞察力和精湛的說故事天賦，教導我們，激勵我們。《使命感，就是超能力》既是指導方針，又揭露出真相，注定成為天命運動的經典之作。」

——理查．萊德，著有《使命感如何讓好企業故事》（*The Power of Purpose*）、《你的人生有多重？》、《人生不必走直線》

「你不知道個人與團隊的超能力，就要他們充分發揮潛能，要怎麼做才能辦到？答案很簡單，辦不到。在《使命感，就是超能力》一書，尼克．克雷格善於在藝術與科學之間保持平衡，輕鬆哄得大家回答這個大哉問——為什麼？」

——史黛西．坦克（Stacey Tank），家得寶公司（Home Depot）公司企業傳播與外部事務副總

「如果你一直在對自己提出永恆的疑問：『我注定要過的那種有意義的人生，我是不是真的活出自我了？』克雷格的智慧與理解清楚給了回答。還在尋求滿足感的人，克雷格會帶領你踏上自我探索的旅程，落實你的人生天命，並且領導得更好。」

——丹娜・伯恩（Dana Born）博士，美國空軍准將、哈佛大學甘迺迪政府學院退休資深主管研究員

「有人說，需要一萬小時才能精通一項技能。幸好，尼克・克雷格替我們完成了辛苦的工作。過去十年來，尼克幫助成千上萬人找到天命，我有幸得以近距離親眼見識。那些辛苦得來的經驗教訓，他在本書中都跟讀者分享了，好讓大家或許也能找到自己。專心聆聽，尼克・克雷格是名副其實的天命大師。」

——史考特・史努克（Scott A. Snook），哈佛商學院企業管理資深講師

「尼克・克雷格的熱忱如火，燒得他跨越慣例之橋，來到莊重對談與深度學習的領域。在那個領域裡，他幫助數以千計的人們找到天命或獨有的天賦。如今，他帶著深度整合的洞察力重返。原是影響數以千計的人，如今本書會影響數以百萬計的人。如果你想得知自己的

真實面貌，想得知你所屬機構注定要做的事，那麼本書絕對是必讀。」

——羅伯特・奎恩（Robert E. Quinn），密西根大學正向組織中心

推薦序

使命感帶來篤定、專注、信心，還有超能力

——布芮尼．布朗，《脆弱的力量》作者

幾年前，尼克．克雷格朝我走了過來，開口說：「我們應該要聊一下。」當時，我不認識他，也不曉得他的工作是什麼。

我才剛結束三小時的工作坊，在兩百五十位執行長的面前講完課，累得要命，卻又精神亢奮。我盯著他看了幾秒鐘，想著該用什麼辦法，把聊天的邀約扭轉成普通的介紹寒暄就好。我開口說：「你好，我叫布芮尼。」此時，他卻說：「工作坊很棒，謝謝你。我知道，你可能很累卻還是很有活力，我想聊的話題是你那充沛的活力，還有疲累的部分。」

接下來的對談很不尋常，卻也怪得很吸引人。他跟我談了他的工作，還提議幫我找出我的天命。我不知道那個當下是基於什麼原因，也不曉得發生什麼事，總之我努力忍住眼淚，立刻答應他的提議。我很少答應人的。

好幾年後，在許多漫長的對談後，我提議替這本書寫推薦序，但有個條件，我跟尼克說，我想要寫得像是衛福部警語那樣。我以為他會笑我，他卻說：「好，很有道理。」

出版社應該在本書的封面印上以下字句：

警語：本書講述天命，順從天命後，你在人生、愛、養育子女、領導的方式上都會有所改變。找到天命以後，就再也忘不了，擋不了，學到了也就還不回去了。如果試圖去拋開自己誕生在這人世的理由，可能會引發焦慮、悔恨、困惑、自我懷疑，不斷有一種「我到底在做什麼？」的感覺。一旦開始朝天命奔去，就再也回不了頭。

尼克從事的天命工作不是什麼魔法，那是篤定、專注、信心帶來的恩賜。我開放自身的感性和理性，接納自己從事的天命工作，人生也從而重新整頓。我現在以天命為依據，衡量自己從事的工作，還有一點更重要，那就是可以判定哪些事不要做。我有沒有圓滿實踐天命呢？假如答案是否定的，那我是不是拋開天命，屈服於恐懼或匱乏？有時是這樣沒錯，但只要我這麼做了，一切就分崩離析，偶爾連我都崩潰了。

我這輩子一直想實現更宏大的天命，我最重大的轉變就是學到（並重新學到）了一點，只要落實天命，就是最寶貴的貢獻了。

此外，剛才說的魔法事情，我要把話給收回來。尼克從事的工作確實帶來了篤定、專注、信心，還有一點超能力。

前言
有了天命，一切都有了意義

二〇〇七年，我站在《財富》五十大企業的一群資深領導者面前。在為期兩天的真誠領導力學程，我負責教導天命課，那是其中一個教學單元。當時，就連我也懷疑天命跟領導力之間是否真有關連。說到頭來，在總計十二章的真誠領導力實戰手冊中，〈天命〉只不過是其中一章，還是我教課的前幾年協助比爾·喬治寫成的。

當時，我以為天命跟領導力底下的其他重點領域十分類似。熟知試煉故事即是重點領域之一，試煉故事把我們打造成領導者、闡明我們的價值觀，或發揮我們尚未充分運用的優點。我以為天命的作用不如前述重點領域，覺得掌握前述重點領域才是贏家，所以我的重心放在前述領域，在天命領域上花的時間比較少。

該家公司請我把天命納入教學單元，想當然耳，我推託了。公司很堅持，我雖有異議，卻還是同意了。結果他們是對的，我錯了。二〇〇七年至二〇〇九年，在最難應對的領導者面前，我多次教導真誠領導力，那是該家公司最艱困的時刻，股價從五十六掉到六。對這群領導者而言，那是最為嚴峻的考驗，可用來檢驗哪些做法最有用。

畢業學員表示，以前必須大量裁員或大幅改變方向時，大家向來有個共識，誰要是領導大家度過艱困時刻並做出困難的抉擇，事後就會受到照顧。可是那次的狀況不一樣，高層團隊陷於絕境，有如四面受敵，而大家能確定的只有一件事，沒人可以全身而退。那麼，當你的認股選擇權的股價跌到谷底，大家拿不拿得到薪水都成了問題，公司的未來難定，此時的你該怎麼做呢？

試想自己會採取的做法吧。

某位領導者提出的答案嚇了我一跳。他說：「聽著，我很清楚，認股選擇權、紅利、升職，這些再也沒指望了。我以前仰賴的外在動機，全都消失不見。我們以前擔心的經濟動盪，現在已經擺在我的餐桌上。我唯一能依賴的，是我**身為領導者所秉持的天命**，而這正是學程的內容。於是，我對團隊說，這個時候，我沒什麼能給他們的，只能表達出我所支持的，而我的天命一直以來都是**成為激流泛舟的嚮導，帶領大家安全划到另一端**。如果有人不想做這種事，我明白。不過，留下來的話，我們會共同度過最艱鉅的十二個月，至於結局如何，我不做保證。」

那年，這位領導者及其團隊做了必須做的事。他們做了許多艱難的決策，既要投入未來的成長，又要為了保持大門敞開，不得不痛下心來裁員。當時，生意開始好轉，但真正大獲成功之處就在於他還是擁有同一個團隊，而在他合作過的團隊當中，就屬這個團隊最值得信賴，關係最緊密。

我是訓練有素的憤世嫉俗者，當然會認為那是一千個例子當中只有一例的情況。結果卻發現那是十例當中就有一例的情況，而且當時的學程在天命這領域投入的時間不多。

快轉到二〇〇九年。保羅．波曼（Paul Polman）才剛擔任聯合利華執行長，當時的聯合利華是價值四百億美元的消費產品公司，競爭對手是寶僑和雀巢。聯合利華的產品從沙拉醬到洗衣精，無所不包，但波曼提出大膽的收益成長願景，並以十年為期，大幅縮減了生態足跡。

聯合利華請我們開設領導力蛻變學程，對象是高層的一千兩百位領導者。課程分成八大主題，天命正是其中一個主題。然而，在當時的環境下，每位領導者不得不設法做出那些未曾試過的事，而**要化不可能為可能，立足的基礎就在於天命**。個人領導力培育方案的制定過程往往平庸無奇，經過執行長和高層主管的檢討以後，就此有所轉變，強調的重點落在領導者的天命上。

十八個月至二十四個月過後，畢業學員回來參加學程，他們的故事和天命帶來的影響力再度嚇了我一跳。他們確立自己的大目標，以截然不同的嶄新做法處理問題，顯然是受到天命帶來的影響。有些領導者升上的職位是他們原本永遠爬不上去的，有些領導者不繼續往上爬，決定待在原本的工作崗位上，把事情給做對。他們跟上司真誠對話，討論哪些事情必須要做，生意才會有所起色。這一切之所以會發生，就只是因為一段話讓他們得以認清「天命」。某位領導者說：「你知道嗎？考慮到我的天命，我自己也很清楚，事情要是不難，我就會覺得無聊，而我一覺得無聊，就不會去實踐天命。花三年的時間讓這地區成長一五％，很無聊。營業額變成兩倍，這才算得上是挑戰，也是我要達成的目標，我們接下來就是要這樣做。」其實，後來營業額的成長並未達到兩倍，但也遠遠超過一五％。此外，他做出的業務變革和他的領導方式，帶來了驚人的成長弧度。假如他不曉得自己的天命，肯定是做不到的。

我看見一件又一件的案例，終於體會到天命帶來的影響力，而且那有別於真誠領導力當中的其他美好環節。**天命不是「十二大要素之一」，天命有如舞台，而價值觀、強項、自我覺知等要素要站在舞台上，才能成就出卓越的領導力**。假如是領導力站在舞台上，那麼天命會打造出的是紐約的百老匯劇院，倫敦的環球劇場。要是沒了天命，那就會是本土製作的《李爾王》。

每個人都是自己生命的領導人

二〇〇九年起，我們把天命與真誠領導力的工作帶到世界各地，教導大家如何實踐天命，對象有澳洲的零售商、奧克拉荷馬州的石油燃氣工程師、波士頓的工程與科學機構、瑞典製藥公司、西點軍校教職員，還有許多領導者與機構。每次望向眼前這群令人望之生畏的世界級資深領導者，我都會對自己說：「在這裡談天命，肯定就像是把鞋子給穿反了。」不過，他們每次都帶給我正面的驚喜。

如果你讀到這裡，心想：「可是我又不是領導者。」那麼，請你再想一想吧。就算你目前的說法有別於此，但**只要你做的決定會影響到你生命中的人們，那麼你就是在領導了**。無論你是缺乏明確的天命，還是擁有明確的天命，都還是能夠領導……那麼兩者之中，你要選擇哪一個呢？

本書撰寫的角度是從資深高階主管面臨的嚴酷現實出發，他們公司的產品可說是無所不包，小至花生醬，大至石油燃氣探勘專用特殊幫浦。本書以務實易懂的筆法介紹天命，說明天命是怎麼對二十一世紀領導力造成莫大影響。更不用說，還有動人的故事，描述高階主管著手實踐天命時發生的情況。

雖然偉大的志業——例如：終結貧窮和不公——是用來表達天命的絕佳方法，但是**真正**

的領導者所需要的一套做法，不僅要能應對那些難以駕馭的客戶，還要能應付那些不會乖乖坐著不動的競爭對手，因應那些影響遍及全球並讓策略灰飛煙滅的事件。這聽起來更符合你的處境吧？多數人的人生是這樣的：跟親友互動交流，從事的工作拿到公道的金錢，養育小孩，遭公司解雇，發現自己雇用的員工光說不練，在別人不放過某個人的時候，放過對方，諸如此類。在前述方面，天命能帶來最大的幫助。很多「號稱」是天命，卻是在幫倒忙，讓我們以為自己不如那些「優越」人士，覺得自己要麼前途一片光明，要麼就乾脆放棄嘗試。然而，事實才不是這樣。

萬一你早就找到天命，自己卻不知道呢？幸好！無論是現在還是將來，天命依舊留存在你的內心。你可以逃離天命，以後也會這麼做。然而，對多數人而言，天命總是在那裡等著我們回想起來，等著我們邀請它回來。我們只是需要慢下來好一段時間，這樣才找得到天命。天命確立了我們這一生具備的獨特天賦，就算在努力擁有天命的過程中，我們排斥了、論斷了、拋棄了、背叛了天命，但唯有天命永遠不會排斥我們、論斷我們、拋棄我們、背叛我們。希望你閱讀了各行各業一百多位領導者的深入訪談故事與案例，就會開始領會到你身為領導者在踏上旅程時所未察覺到的——你秉持的天命。

領導就是把可能性化為現實。無論你有沒有察覺到，你都是以獨特的方式在服務別人，從而改變你的現實和別人的現實。你可能會心想：「那種說法未免誇大，我根本不知道自己的天命是什麼，那為什麼還要去談實踐天命呢？」幸好，只要體會到自己是怎麼實踐天命，就能「看見」天命。

過去十年來，我們輔導了一萬多位資深高階主管，協助他們找出天命並勇敢實踐天命。對當中九五%的人而言，重點不在於辭掉現在的工作，去救助兒童會（Save the Children）工作，重點不在於離開配偶，不在於對上司說去你的；重點在於體悟到天命存在於每一刻，而我們可以選擇自己要不要依循天命行事。不是去看我們擁有的職務、頭銜、辦公室，而是去看我們以何種方式應對當前的挑戰，那樣就能清楚看出天命。

天命會讓人變得好奇、勇敢、謙虛、獲得啟發，也會讓人變得脆弱、恐懼、困惑等……然而，有了天命，一切都有了意義；沒有天命，人生有時美好，有時則不。

你肯定會喜歡閱讀人們運用天命領導法的故事。那些人多半不是名人，也不是執行長，他們來自各階層、各年齡層，來自地球各角落。每個人都願意花好幾個小時接受訪談。有些領導者的故事刊載於本書，他們給我的時間更多，我們一起改善見解，深入探究真理，了解何謂使命感，就是超能力。之前的受訪者我已經有五年或十年沒跟他們聊過天、見過面，因此這次的訪談就像是我們雙方的發現之旅。

本書引導你實踐天命，發揮使命感

你看到別人踏上人生之旅的情況，就也會更意識到自己的天命和使命感代表的意義。還有一點更為重要，你會有能力每天更徹底著手實踐天命，並在這一趟旅程中，引領別人跟你同行。

Part 1 的重點是何謂天命，天命為什麼重要。此外，還說明有三條路徑可幫助我們看清天命是怎麼「引領」我們，並且舉了許多例子來說明別人的發現。請注意，雖然我們是藉由語言和使命宣言這段話來傳達天命，但是宣言其實只不過是詞語，而天命遠大於詞語。詞語有如一把鑰匙，能開啟大門。鑰匙本身有如使命宣言般毫無價值，重要的是鑰匙讓我們進入的房間，還有一直以來引領我們的天命。既要找到鑰匙，又要進入天命室（這點更重要），有三種強大的方法：

- 美好時光，從童年到成年初期
- 人生中最艱難的經驗——試煉
- 熱忱，長久推動著我們

Part 2 引領你找到天命。你看了真誠使命宣言的一些例子，做了一些簡單的練習，就能認出或接近自己的使命宣言。建議先做了這個，再去閱讀天命對真正領導者的人生造成的影響，這部分也可以大略瀏覽，之後再回頭細讀。

Part 3 是最後一篇，深入探討使命感的實際應用狀況。這不是什麼美好的迪士尼故事，如果你尋找天命是為了讓全部問題一瞬間消失不見，那麼在此要告誡你一番，請你去看別的書吧。比起快速權宜的方法，由實際天命構成的世界無從迴避，不但吸引力大多了，最後滿足感也大多了。你要拓展能力，經歷百般考驗，所以如果你的目標是過得輕鬆，那就應該跳過天命。

然而，努力後的結果是值得的。有了天命照亮人生，人生就會變得明確又有意義。一切順遂就不需要天命，但必須做出艱難的決定時，天命會指出答案在何處。有一點最為重要，天命引領你的時候，你實踐天命領導法的時候，別人就會想跟隨你。

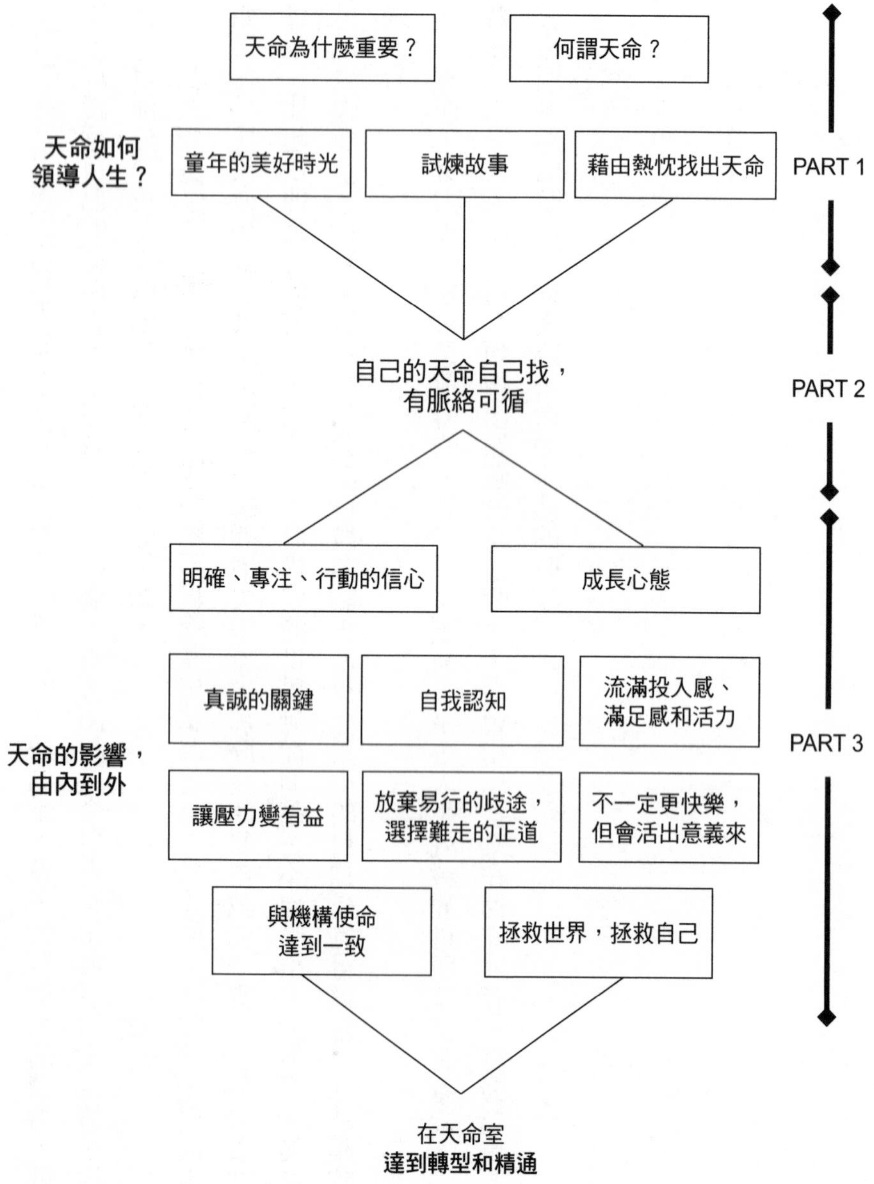
天命為什麼重要？
何謂天命？
天命如何領導人生？
童年的美好時光
試煉故事
藉由熱忱找出天命
PART 1
自己的天命自己找，有脈絡可循
PART 2
明確、專注、行動的信心
成長心態
天命的影響，由內到外
真誠的關鍵
自我認知
流滿投入感、滿足感和活力
讓壓力變有益
放棄易行的歧途，選擇難走的正道
不一定更快樂，但會活出意義來
與機構使命達到一致
拯救世界，拯救自己
PART 3
在天命室
達到轉型和精通

使命感的自我評量

在踏上天命領導法旅程以前，請先前往 www.coreleader.com/survey，接受使命感的自我評量。讀完本書，建議再做一次評量，看看天命帶來的影響。

Part 1

天命如何領導人生？

第1章

天命為什麼重要？

這世界夜以繼日盡力讓你變得跟別人一樣，而你不要做別人，只要做自己的話，就要投入這場對人類而言最艱難的戰役，而且永遠無法停止戰鬥。[1]

——康明斯（e. e. cummings），美國詩人

假如對方不清楚他的天命，你願意聽從對方領導嗎？假如那個人就是你呢？

注意，我說的可不是什麼小目標。你或許兩秒鐘就能飛快說出自己的小目標，然而引領你的是什麼樣的天命，你很清楚嗎？如果你都走得這麼遠了，就表示某件事肯定有作用。那麼，如果你很清楚自己的天命，那樣不是很好嗎？面對現實吧，不曉得天命，就無法徹底實踐天命；無法實踐天命，就無法實踐天命領導法。

由此可見，釐清天命十分值得。只要清楚天命，就能經由獨特的濾鏡觀察這世界，對於自己在人生中採用的領導方法，也有機會變得更加有創意與革新精神。**天命可以從事件中、行動中創造出「意義」來，經過一段時間過後，還會塑造你對這世界的影響**。假如去研究歷史上你最敬佩的人物、影響力最大的人物，例如：美國外交家愛蓮娜．羅斯福（Eleanor Roosevelt）、美國前總統甘迺迪、南非政治家曼德拉、蘋果公司共同創辦人賈伯斯，就會發現他們的世界觀跟旁人截然不同，而且後來他們都讓世人以他們的角度去看待事物。

職務、頭銜、房子……無法代表你

要是缺乏明確的天命，人生會變成怎麼樣呢？莎士比亞提點了我們。根據《皆大歡喜》劇中的知名台詞，人人都是戲裡的演員。

全世界是一座舞台，
眾男女不過是演員，
有退場也有進場，
人一生扮演諸多角色，
演出橫跨七個時期。[2]

今日，大家的七個時期會經歷大學和研究所的校園時光，來到智慧的長者角色，最後是退休和必然的死亡。這齣戲劇的現代版還涵蓋了飛行常客的里程、認股選擇權，還有離世許久以後，有沒有可能留存在人們手機的「最愛」清單裡。無論我們穿戴的是何種戲服，莎士比亞在我們眼前呈現出一個未經考慮的人生是何模樣，那是毫無天命之旅程。

對許多人而言，難處就在於自我認同和自我感是奠基於職務、頭銜、職業、住所或汽車，這些東西短暫易逝，本質脆弱。

過去十年來，我多半時間都是跟職位高的人相處。問題是許多人都感到茫然，辛苦掙扎，覺得自我認同錯置，卻說不出口，因為別人認為他們很有成就，為此祝賀他們。他們喜愛的既不是頭銜也不是工作，他們喜愛的是自己從事的工作，自己帶來的影響力。我們越是能認清自身的工作對別人造成的影響，就越是能從工作中獲得意義。我們爬得越高，就越是遠離自己影響的人事物。

因此從內心認清意義，就顯得更為重要。你的天命沒人能從你身上奪走，那是你真正的自我認同。天命具有深厚的韌性，保有的力量也是無一物所能及。除去了你做的事情，你到底是誰呢？天命幫助我們回答這個問題。天命猶如一口深井，長年有水。

我們在童年、文化、教育的薰陶下長大成人，我們今日的模樣多半是境遇造就，周遭發生的事件塑造了我們的模樣。然而，我們終究必須自問：「在這趟人生旅程上，是什麼在引領著我們？」

本書有許多故事講述人們重新發現了引領方向的天命所在，也說明了這個發現所帶來的影響。這裡有個絕佳的例子，有位男性運用自己的天命，跨出了他收到的人生劇本。

那個人就是喬斯坦．索爾海（Jostein Solheim），班傑利公司（Ben & Jerry's）的執行長，公認是聯合利華——班傑利的公司擁有者——的高潛力領導者。他在冰淇淋業打滾多年，善於解決問題，需要重整的話，找他就對了。因此，他很快就晉升到管理階層。等到他在班傑利公司升到第一大位，他已經在三十多國工作過，搬家次數多到他記不得。「理解、解決、前進」就是他的工作之道。他在班傑利公司待了僅僅十八個月，原本呈現個位數衰退的生意就此好轉，獲得兩位數的成長。人人都愛的老品牌重回戰場，打了一場勝仗。

那時，他準備好接受大獎，亦即冰淇淋資深副總一職，負責監督多國經營狀況。他在這行努力那麼久，就是想拿到這個職位；在價值數十億美元的消費產品公司往上爬，就是要爬到這最後一階。爬到這裡就會有大幅加薪、認股選擇權、全球頭銜，而這樣的職務可說是功成名就。

擋了他的路的，就只有一件事情——他的天命。在人生中，時機就是一切，既然他即將飛黃騰達，此時就有機會釐清天命。

喬斯坦的使命宣言

在矛盾又不明朗的情況下，
幫助人們成長茁壯，做好真正重要的事情。

記住，**使命宣言只是一段話而已**。然而，這些詞語有如一把鑰匙，能把門打開，讓人進入天命室，交由天命引領。就喬斯坦的例子，他的天命室揭露出一個重要的兩難困境，升職後就做不了真正重要的工作，要負責管理別人去做。他的工作經歷都是去拯救別人的工作，讓團體做到了原以為做不到的事，培養那些原本會落後的部屬。狀況一團糟，終點遙遙無期，是他最快樂的時候。無論是要在暴風雨中航行，還是把人人都以為完蛋了的生意給挽救起來，喬斯坦正是理想人選。雖然他找到了可實踐天命的舞台，但那舞台不符合目前的計畫。

天命不等待計畫，也不在乎計畫，天命會在我們耳邊輕聲說：「跟我來吧。」**領導的重點不在於走向別人前進的方向，領導的重點在於創造出之前不存在的事物**。

喬斯坦習慣擬定五年策略計畫，這純粹是為了方便撥款給隔年的預算。那時，他的天命要求的更多了：「長久留下來，做重要的事。」班傑利公司的社會政策獨樹一格，氣候變遷、公平貿易、非基因改造食品採購，全都是需要領導的概念。假如他留下來，他們或許會一飛沖天；假如他離開，他們或許會跌跌撞撞，畢竟新執行長花了十二個月才開始掌握狀況。這是個機會，可以做真正重要的事。

喬斯坦的處境很多人都經歷過，你會聽從腦還是心？我的同事比爾・喬治就說得很好：「我們這輩子移動的最遠距離，就是腦和心的距離。」

喬斯坦順從天命，做了一件沒人預料得到的事。六位數的加薪、認股選擇權、跟升職有關的其他事情，他都婉拒了，決定留在班傑利公司。他不僅決定留下來，這輩子還第一次買房，之前每兩年就要搬一次家，叫他筋疲力盡。

根據喬斯坦的說法，在知道自己會負責管理五年的情況下擬定一項為期五年的策略，以及草擬一項現在能取得你所需但日後別人要修正的計畫，這兩者是截然不同的。喬斯坦沒有把班傑利公司的成功視為自己一人的功勞，他率先表示自己只不過是個推手，推動別人完成了厲害的工作。然而，假如他沒有堅定領導，待了七年以上，那麼班傑利公司可能就達不到這麼多的成就，比如說：

- 在整體衰退的市場，每年成長達到兩位數。
- 一〇〇％公平貿易採購。
- 一〇〇％非基因改造食品採購。

班傑利公司還倡導氣候正義，例如：支持有用的碳定價，遊說政治領袖支持聯合國氣候變遷倡議。喬斯坦甚至還在聯合國巴黎氣候變遷會議跟高爾（Al Gore）擁抱。

喬斯坦原本可以晉升高位，在聯合利華公司總部繼續做出一番成就。他原本也可以搬到歐洲，找另一個機會。而沒有合適的答案、只有多種選擇的時候，天命是最為寶貴的，假以時日就能以明確的思維做出聰明的選擇。依天命行事，好處在於我們知道自己該怎麼做，但難處也在於我們知道自己該怎麼做，結果這世界可能會對我們感到不快。就喬斯坦的例子，從事後看來，他後續兩三年的成就讓當初留下來的決定看似很容易。然而，當初他的上司、他的妻子、他的孩子都認為他做錯決定了。當你夜裡失眠，幾經艱難的討論，卻沒有簡單的辦法，而終歸是要有所行動，此時你就會知道自己該以天命為基準。

我們必須做出人生中最困難的選擇，此時會聽從別人的建議？還是自己內心的聲音？多數人的難處在於沒有明確的內心聲音可以信任。我們的腦子裡有多個聲音，那些聲音很少和諧齊唱。不曉得天命，就無法實踐天命；無法實踐天命，就無法實踐天命領導法。

為何天命現在如此重要？

天命不是新概念。西元二世紀，羅馬皇帝馬可．奧里略（Marcus Aurelius）撰寫《沉思錄》，對人生、領導力、官僚制度與偽善態度的因應，提出了古今皆適用的省思。此外，奧里略也認為天命至關重要。**「萬物之存在有其天命，且被牽引著要達到天命。」**[3] 然而，就算這是古老的概念，我們的父母卻多半永遠不會去談論他們的天命，他們談論渴望、夢想、抱負、成就，卻很少談論天命。那麼，我們應該要比父母或奧里略時代以來的人們還要更關注天命，到底是為了什麼？

其中一項理由就在於近來諸多研究和資訊都證實了天命具備強大的力量。過去五年來，商界對「天命」產生莫大興趣：

- 哈佛商學院的策略主管辛西亞・蒙哥馬利（Cynthia Montgomery）認為領導者最重要的角色就是負責管理所屬機構的使命。[4]
- 正向心理學之父馬丁・塞利格曼（Martin Seligman）認為天命可帶領人們邁向繁榮。[5]
- 丹尼爾・品克（Daniel Pink）撰寫《動機，單純的力量》，總結了他五十年來在職場工作動機方面的研究結果，他認為二十一世紀要達到卓越表現，天命正是一大關鍵，另外兩大關鍵是自主和精通的機會。[6]
- 根據赫米妮雅・伊巴拉（Herminia Ibarra）從事的女性領導者研究，這世界總是設法把女性領導者變得像是男性一樣，因此要堅守住女性的自我認同，就必須秉持明確的天命。[7]

在組織層級，天命也同樣重要。《哈佛商業評論》雜誌與能量計畫公司（the Energy Project）蒐集了二十五種產業、兩萬名員工的資料數據，藉此了解員工在職場上的感受與表現，結果發現最重要的單一影響因素就是天命之存在與否。[8]

然而，還有一點更為重要，天命型領導者會對員工造成格外強大的影響。天命型領導者秉持明確的天命，懂得傳達使命感，可激勵員工做到以下事項：

從工作中獲得意義的員工：

- 留任的可能性提高 2.8 倍
- 工作滿意度提高 2.2 倍
- 工作投入度提高 93 %

然而，同一份報告也指出，不到二〇%的領導者能傳達使命感或有意義的方向。

德福瑞大學（DeVry University）職業諮詢委員會進行另一項研究，探討千禧世代對求職議題抱持的態度。[9] 結果發現千禧世代在評量事業成就時，有七一%認為「找到有意義的工作」是三大關鍵要素之一，而三〇%認為「找到有意義的工作」是最重要的一項要素。基本的情況就是千禧世代為了追求有意義的工作，願意犧牲更多傳統上的事業舒適要素，例如：標準工作時數、有競爭力的薪資等。

就個人層面而言，幾乎每個月都有更多研究顯示明確的天命具有許多益處。這類研究多半採用 Ryff 心理幸福量表（Ryff scales of Psychological Well-Being），該量表經證實可有效量測人生天命程度。以三年至十年為期，運用這類量表研究數以千計的參與者，獲得明確的結果，原來人要活得更長壽、更健康，就要擁有清楚的天命，並且實踐天命型領導。

這類研究都強調使命感堅定的人可獲得許多益處。[10]

領導者秉持明確的天命，懂得傳達使命感，可激勵員工做到以下事項：

- 工作滿意度提高 70%
- 投入度提高 56%
- 留任的可能性提高 100%

前述數據很有說服力，但在激勵程度上，還是跟吃得好、運動、睡滿八小時、有時間就會做的其他事情差不了多少。等到我們體會到天命背後的真正推動因素其實急迫許多，情況才會有所改變。

活在VUCA世界，沒有天命，就難以存活

你按照規矩做事，這世界的地面卻在你腳下不停變動，所有規則不斷變化，此時你該怎麼領導呢？大部分的人每天醒來都要面對多變的局勢，有哪些產業或機構在接下來五年經歷的變動不會多過於過去的五十年？計程車業、旅館業、石油燃氣業、銀行業、零售業、出版業等產業，要麼不斷變動，要麼辛苦掙扎。

天命有著嶄新的急迫性，而源頭就是一九九〇年代。一九九一年，蘇聯瓦解，對美軍而言是令人震撼的變化。既然我們準備面對的一切都消失不見了，那麼我們該要對抗誰呢？局勢會變得如何呢？為了對這個新興的處境做一整理，美軍建構了「VUCA」的概念〔Volatile（易變）、Uncertain（不定）、Complex/chaotic（複雜／混亂）、Ambiguous（不明朗）〕」，以此概念去因應領導者在全新的世界裡面臨的挑戰。（圖表1-1）

新的、不平衡的人口結構加快了變化的速度，根據聯合國人口基金會的調查，史上首度有四分之一的人口是介於十二歲至二十四歲。[11] 印度十五歲至三十四歲人口，接近美國、加拿大、英國三國加起來的人口。[12] 此現象有個令人難以置信的含意：我們現在視為理所當然的諸多制度與社會承諾，以後卻必須要以截然不同的解決辦法來應對，不然就會面臨瓦解危機。

在VUCA之前的時代，解決辦法就是確立願景與策略，然後結合所有資源來執行「計畫」。我們以兩年至五年為期，努力工作，一有外在事件迫使某項策略改變，大家就抱怨不已。今日，策略計畫的時間長度要是超過一個年度預算週期，就稱得上是叫人肅然起敬了。至於策略計畫為何會不斷重做，我們全都明白箇中原因。然而，我們全都想擁有一定程度的確定感和指引，都想懂得怎麼在一段時間後打造出重要的事物。

當原先的策略變成現在的戰術，而所謂的戰術發生在你的智慧型手機上面，那麼你領導的依據是什麼？在未經堪測的領土上，沒有可信的地標，人們與機構需要指南針的指引，而天命就成了新的指南針。天命可確立「原因」，而在許多情況下，領導者與機構會以獨到的「方法」投入

圖表 1-1　VUCA 的概念

昨日世界的領導力	今日 VUCA 世界的領導力
理性	**Volatile（易變）**：變化立即發生，範圍廣大。
可預測	**Uncertain（不定）**：無法精準預測未來。
簡易	**Complex and Chaotic（複雜又混亂）**：很少是單一的肇因或辦法。 解決辦法是從體制內部出現，不是從外部施加。 變化持續不斷，少有跡象可預測得知。
線性	**Ambiguous（不明朗）**：不太清楚事件的意義與影響。「資訊」不完整或難以辨讀。

工作。**天命有個好處，那就是天命不會改變，但策略則相反，今日的策略不斷更動、變化、翻轉。**

天命向來十分重要。從數據上就可看出天命在工作上的價值，在整體人生上的價值。在今日的VUCA世界，沒有天命，就難以堅持下去，難以存活下來。比起其他世代，千禧世代更看重天命，這背後有充分的理由。我們再一次提出這個問題吧：「假如對方不清楚他的天命，你願意聽從對方領導嗎？」

在揭露有何方法可找出天命以前，我想讓大家了解天命具備的力量有多強大。我們在學程中會訪談領導者，而我們提出的一大關鍵問題是：「在壓力情境下，你的天命會變得怎麼樣呢？」索爾海對這個問題應該會這樣回答吧：「在矛盾又不明朗的情況下成長茁壯的人，碰到一團糟的狀況，會表現得最冷靜沉著。」

喬斯坦喜愛駕駛帆船，他住在美國佛蒙特州伯靈頓附近的尚普蘭湖。湖泊冬季結凍，冰層堅固得可以在上面開車，因此五月的航行是一場凜冽的冒險，在水裡無論待多久都很危險。喬斯坦的兒子賈卓夫開出一艘骯髒的帆船，撞到木頭，舵沒了。賈卓夫跳進湖裡，設法游到岸邊，可是風把他吹得更遠。喬斯坦從雙筒望遠鏡望過去，看到了帆船，可是沒有帆，也沒有賈卓夫。這個時節，湖裡沒別的船，喬斯坦撥打九一一，海岸防衛隊花了三十分鐘才找到賈卓夫，他抓著浮標，將近失溫。在這場冒險期間，喬斯坦的妻子和朋友都嚇壞了，不過喬斯坦設法冷靜下來，保持清晰的思緒。他跟海岸防衛隊一起救回兒子，找回帆船，還跟朋友說了再見。做完了這些事以後，他才忍不住顫抖起來。

天命的美好就在於它真正抓住了我們。**我們不是找到天命，而是重新連結到天命，然後有自覺地實踐天命領導法**。無論喬斯坦是在主持會議，還是處理他兒子掉到湖裡的事，他都是在實踐天命領導法，並且為了重要的事情，在矛盾又不明朗的情況下成長茁壯。他要是處於安穩的環境，就不由得分心，會成效低落；他要是處於VUCA世界，那麼就是你需要的人才了。

現在更深入探討天命的真實樣貌吧。

思考要點

1. 「天命」這個主題有什麼引發了你的好奇心？
2. 要確保自己最後不會只有一堆飛行常客里程數，該怎麼做？
3. 你要從內心的何處實踐領導？

4. 喬斯坦決定不顧他人看法，結果這是最好的決定，你有沒有做過類似的決定呢？
5. 如果你確定自己接下來五年都會待在這裡，那麼你會不會為了所屬的事業單位或機構，徹底改變策略計畫呢？
6. 在你所屬的機構，你經歷到的VUCA世界是什麼樣的版本呢？你是怎麼找到穩固的根基？

第2章

何謂天命？

人人都是天才……不過，如果用爬樹的能力來評斷一條魚，那條魚一輩子都會以為自己很笨。

前述這段話公認是出自於愛因斯坦，強調人有能力實踐天命領導法。我們在得知自己的天命以前，並不知道自己到底是魚還是山貓。有人叫我們爬樹，我們就試著去爬樹。在職涯期間，別人評價我們，教導及指導我們，對我們進行績效考核，以為這樣我們就能更接近他們眼中的「完美」。爬樹行不通的時候，我們或許會覺得丟臉，可是這過程的基本構思就是會讓我們最後覺得自己有點蠢。

在得知那個引領著我的天命以前，我要花些時間設法成為別人心目中那個更好的我。參加會議，提出意見，希望自己帶來一些價值，我做起這些事來都沒問題。然而，我意識到自己其實沒在領導團隊，只不過是在他們做過的事情上面錦上添花。認識自己的天命，知道自己能做到什麼，藉此提升自己的層次，這過程猶如打開一道大門。我體認到自己必須專注在這個問題上：「在所屬機構裡，只有我做得到的事情是什麼？」先做那件事吧，不要只是在別人的東西上面錦上添花。雖然不想做的事還是不得不去做，但是我得以成為更合適的領導者。我自己的行為、別人的行為是不是符合我們自以為該做的呢？我花了太多時間去留意這件事，沒看到大難臨頭。有了天命以後，我得以看清那並不是公司付薪水要我做的事；有了天命以後，我得以打開別人開不了的大門。

——彼得．S（Peter S.），資深行銷副總

或許可以這樣說吧，彼得再也不爬樹了，開始游起泳來。

天命，就是你的獨特天賦

過去十年來，我跟數以千計的領導者攜手合作，而在所有的宣言、經驗、洞察力、頓悟、影響底下，出現了一條共通的脈絡，可據此明辨什麼是天命，什麼不是天命。

你還是個孩子的時候，天命就已經存在了；等你活到一百零二歲，天命還是會在。**天命就是自己的真實本質，就是可展露個人特色的一種能力**，用以因應狀況。天命會一輩子引領著你，只是你不曉得罷了。**你只有一個天命，但在你人生的不同層面，天命有許多不同的表現形式**。

以前，我對天命一詞經常很有意見。過去十五年來，多位作者在這主題上費了不少筆

墨，他們多半假定人人都明確知道自己的天命。可惜，對天命所下的數十種定義，為了找到天命而進行的「簡單五步驟」練習，往往最後沒讓大家的感受變好，反倒是變差了，而且也沒比剛開始時更理解天命。

這樣想吧，假設我們用某個人取代了你，那個人的技能水準跟你相當，也同樣精通你的工作以及人生中的關鍵角色。三個月後，我們訪問了你以前常常互動的那些人，問他們：「你最想念的是什麼？」從他們的答案當中，就能看出你擁有的天命，那是你不現身就會消失的談判籌碼。可惜，我們終其一生追求著大家期望我們成為的樣子，於是那件可帶來最大改變的事物，那個終生引領著我們的天命，我們也就永遠不得而知了。

只要討論到天命，「**獨特的天賦**」一詞就格外重要。天命的作用有如獨特的鏡頭，人人都可透過鏡頭觀察這世界。人人透過自己的鏡頭進行觀察，就會看到眼前有多種可能性，或者做出別人看不到或做不到的事情。而這樣的差異帶來了大家全都渴望的創新與影響力。模仿別人是無法創新的。領導者與創新者透過天命鏡頭，看見了別人沒留意到的多種可能性。全錄公司（Xerox）PARC實驗室（位於加州帕羅奧圖）擱置了「滑鼠」原型，這是易用的介面和連線設備。[1] 在一九七九年賈伯斯及其團隊參觀以前，該項關鍵科技原可為個人電腦運算帶來革新。賈伯斯渴望運用科技改變世界，他期望看到的未來，是PARC人員沒能看見的。多數人面對的情況會比前述例子還要更不明顯，例如：我們要怎麼訴說故事、怎麼提意見給搞砸事情的人、怎麼撰寫部落格、怎麼關閉工廠、怎麼在一千名員工面前進行重大簡報等。

在你背後推動你前進的天命，讓你見到了別人看不見的，你看見了什麼呢？你知不知道天命是什麼呢？

現在來拆解句子的其餘部分：「**天命是你帶給這世界的獨特天賦**。」

沒人是在與外隔絕的情況下實踐天命。唯有我們把自身的天命向周遭世界表達出來，天命才會顯現在我們的眼前，好比電影要等到顯示在螢幕上才會真正成為電影。為求實踐天命而必須「讓世界變成更美好的地方」或者「為別人服務」，這類的說法我並不認同。我很清楚，我們的天命與別人的天命之間的互動，使我們得以目睹並體驗到天命是怎麼引領我們的。天命引領我們在人生路上前行，此時天命真正的好處就會顯現出來。

揭開天命的多個層次

天命是什麼意思呢？外頭的定義有許多，而且那些定義多半完美傳達出我們實踐天命型領導的方法。

以下是我聽過的一種定義：「你喜愛它，精通它，因它而獲得優渥的金錢，而這世界需要它。」然而，我發現前述條件全都不符合的話，天命也可能變得很顯眼。假如必須等待一切都起作用了，再去落實天命、實踐天命型領導，那麼多數人可就要等很久了。我們深深敬佩的人物，為這世界帶來影響的人物，都沒經歷過這般順暢的航行，而大眾的喝采也不是他們的動機。實際上，我輔導過的領導者當中，有許多人是所有列出的事項都完成了，卻還是不知道自己的天命。找出天命就能確立此後的領導方法，本書通篇會提及許多這類的故事。

天命型領導者會堅持下去，就算沒人支持，也還是照做不誤。假如天命型領導的真正準則是「你忍不住要去做那件事；你不擅長做那件事（不是這世界要求你去做）；沒人付錢要你去做那件事；你不曉得自己是不是真的失去理智了」，那麼該怎麼辨呢？

「緣由比我們自身還要更遠大更長久」，這通常跟天命有關。動人的緣由是一種強大的策略，我們可藉此傳達自己的天命。幸運的話，對於人生中的幾個緣由、事業、冒險，就會懷以滿腔的熱忱。可惜，我合作過的領導者當中，許多人投入於緣由，卻也承認身心俱疲。前陣子，我跟某位永續長合作，她就身心俱疲了。她的「緣由」是要讓某家大規模的全球公司能永續發展。擔任永續領導者，本人卻無法持續下去，怎麼說得過去？永續這件事，她怎麼不從自己開始做起呢？唯有釐清她要怎麼去實踐天命型領導，才能踏上康莊大道，往前邁進，這才說得過去。因此，**有緣由很好，緣由也是絕佳的工具，很多人都是藉此實踐天命，**

但緣由不是天命。

有抱負的天命——另一種常見的做法——所產生的天命可能不是我們真實樣貌的核心本質，而是我們想成為的樣子。「成為燦爛明亮的、帶有可能性的星星」是一件很好的事，只要最糟糕的事情發生在你身上時，那是你行動的依據就行了。然而，如果你是為了逃離真正的天命，才希望自己的天命是那樣，那麼就是淪於自欺罷了。如果你的天命是「無止境探究令人感到自由的真相」，那麼人生不一定總是那種歡樂的派對，卻是有機會為這世界帶來重大的影響。你有天賦，問題是你願不願意徹底發揮？

你的天命比你全部的價值觀加起來還要更為宏大。從使徒保羅到德蕾莎修女，基督教信仰的聖人超過八百人。大部分的聖人都秉持著同樣的價值觀，只是表達價值觀和信仰的方法各有不同，這樣很好。每位聖人懷有的天命就確立了他們是怎麼把獨特天賦應用在這個世界。詹玫玲博士著有《正義，不沉默》[2]這本創新大作，主張世上的人們信奉五種價值觀：

- 誠實
- 尊重
- 負責
- 公正

• 慈悲

我們對於前述列出的價值觀很容易就有所認識，難就難在於要在艱鉅又未曾經歷過的情況下，實踐前述的價值觀。詹玫玲採用有力又困難的案例研究來模仿現實世界的狀況，跟世界各地的學生共同合作，練習實踐他們的價值觀。沒有所謂的正確做法，人人都有機會以自己的獨特做法，實踐自己的價值觀。我們的天命會左右我們傳達價值觀的方式。

在領導力的背景脈絡下，最後一點，或許也是最重要的一點，就是天命會比部門的大目標和個人關鍵績效指標（Key Performance Indicators，KPI）加起來還要宏大。因此，「在我的地區提升銷售

圖表 2-1　引領著天命的項目

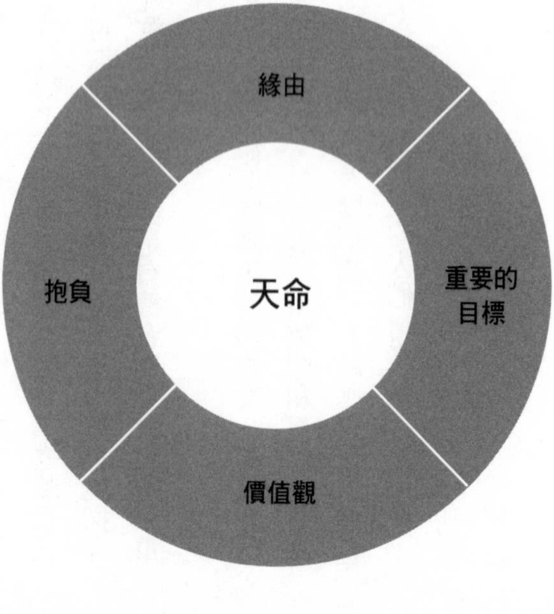

額一二%，同時促進團隊合作與員工發展」，這段話可用來界定一些目標，藉此傳達出你的天命，但你真實樣貌的核心本質卻是深遠多了。無論你的成就有多令人難忘，並不是把成就概括起來就稱得上是天命了。我記得學程裡有個學員的自我介紹是這樣的：「湯姆，（發明數百萬人使用的知名藥物的）發明家。」很多人是用世人看重的專業能力或事物來定義自己。然而，**如果你有了天命，還會遭到解雇或想退休，就表示那不是你的天命**。圖表2-1的項目完美傳達出那個引領著我們的天命。

把天命定義成「你帶給世界的獨特天賦」

你可能會說，比起「投入你喜愛的事物，追隨內心的熱情」，知道自己獨特的天賦並不會更有幫助。這兩種概念並不是完全相等。內心的熱忱會有變化，我們喜愛的也會有變化（有很多人跟另一半離婚了）。獨特的天賦更為深遠，也永恆不變。一段時日過後，天命可能會變得更精確更成熟，但其根本脈絡依舊維持不變。你帶來的獨特天賦和天命具有以下作用：

1. 為人生的挑戰賦予意義
2. 一輩子持續存在
3. 無論你「做」什麼都行得通
4. 在你人生各個層面都行得通
5. 減輕「冒牌貨症候群」
6. 引出你內心的好奇小孩

現在依序探討各項作用吧。

1. 天命為人生挑戰賦予意義

我們的世界再也預測不了，再也不單純了（假如曾經預測得了、曾經單純過的話）。要衡量你在任何環境下領導他人的能力，有個十分重要的衡量方式，那就是在不快的情況影響到你和共事者時，看你會怎麼因應。不快情況的例子有：競爭對手的產品看似能開創全新局勢、大客戶離開、經濟衰退、災難（例如：九一一事件）。人們會問：「這是什麼意思？」你對這個問題的回答就是替說法定了調，人們會相信這個說法，據此採取行動。

天命創造意義，而在本質上，天命有如意義機器。天命又有如濾鏡，我們透過濾鏡觀察

這世界。

湯瑪斯・傑佛遜撰寫《美國獨立宣言》，在該文件中明確宣告新國家的天命。[3]

人人生而平等，被造物主賦予某些不可讓渡之權利，包括生命、自由、追求幸福的權利，這些真理在我們眼裡是不證自明的。

前述可能是廣為人知的句子，還總結了傑佛遜和建國元勳的天命型領導。美國內戰期間，林肯把前述句子視為美國應該奮鬥爭取的道德標準。[4] 林肯對前述句子賦予的意義猶如一股動力，推動他決定草擬《解放奴隸宣言》，終結美國的奴隸制度。

人們**重新發現自己的天命後**，**往往就會認清這輩子發生的事件都有其道理**，而自己以前都沒認清這點。他們所處的世界看來不同了，原因就在於他們現在清楚知道自己的獨特天賦為這局面帶來了什麼。《美國獨立宣言》確立的獨特天賦是身為美國人的意義所在。就我們每個人而言，我們的個人天命具有的意義就跟傑佛遜為美國撰寫的宣言一樣重要。

2. 你的天命會一輩子持續存在

你今日的天命到了你一百零二歲同樣還是真理。你的工作、局面、短期目標變了，一切都變了，天命還是不會變。**如果你的天命會隨情況、隨天氣改變，那就不是真正的天命**。雖然VUCA世界經常推翻我們的計畫，但真正的天命會長存下去，超越事業的成敗、疾病、公司合併、遭到解雇、接受新工作。你表達天命時採用的詞語或許會改變，但天命的核心本質不會改變。離開人世後，我們留下了什麼？我們離開得越久，那麼關於我們的日常事物，世人記得的會越來越少，而我們帶給這世界的獨特事物——我們的天命——則會長留在這世上。

3. 有了天命，無論你「做」什麼都行得通

你跟天命產生連結以後，天命就會立刻應用在你做的事情上，不用換工作，也不用搬到印度救助窮人。我們做的事情多半跟終結全世界的貧窮、飢餓、戰爭、癌症毫無關係。天命應當是無所不在的。我們可不能等著某家無私的機構打電話過來說：「你剛剛贏得了『有意義的天命』之旅。」我碰過一些很沒天命、很不快樂的人，他們工作的地方在別人眼中是「天命」最遠大的機構；我碰過一些天命最遠大的領導者，做的卻是最不引人注天命事情，例如販售除臭劑。

天命展現於我們以何種方式應對當前的挑戰，天命不是展現於我們擁有的職務、頭銜、辦公室。**天命每天都在我們的身旁，我們隨時隨地都能落實天命**。一段時日以後，我們在這

世界以何種方式傳達天命，則是許多的策略、戰略、好運帶來的結果。

4. 天命在你人生各個層面都行得通

有些領導者認為天命就是事業獲得改善，結果家庭毫無改善，事業領導者不但孤單又離婚了。妥協接受膚淺的天命，或者把天命和緣由混為一談，就有可能會導致「補鞋匠的孩子沒鞋穿」的困境。試想，誤以為天命只適用於職場生活，就跟家人說：「我有天命要追求，但那跟你沒關係。」從這樣就可得知這種說法是明顯的謬論；反之，如果你跟朋友和配偶——不只是付你薪資的人——討論你的天命，那麼他們應該說：「對！那就是真正的你。」

多數人一開始會把天命「導向」外部，這樣肯定比較容易，但是唯有我們能把天命應用在自己身上和別人身上，天命才會徹底進入我們的人生。這往往是最後一步，而且**唯有把天命應用在自己身上，應用到自己的私人生活，才得以體驗到天命真正的價值所在**。天命或許會推動我們創造出不合乎傳統的家庭生活，規定誰要做什麼事，怎麼以出人意料的方式一起共度時光，但是天命才不會創造出以下這種有所隔的世界：「我在職場實踐天命，在家裡卻很失敗。」天命出現在人生各個層面。簡單來說，如果天命不能應用在自己身上，就表示那不是你的天命。

5. 天命能減輕「冒牌貨症候群」

對於我們應該展現的模樣，世人的期望與需求總是毫無止境，我們緊張不安，擔心害怕。我碰過的領導者當中，約四〇%——有些甚至是成功的領導者——有「冒牌貨症候群」。他們以為別人有資格在那職位上，就自己沒有資格。他們會想著：「那工作我勝任不了，別人什麼時候會發現？」唯有找出天命，開始實踐天命，那種痛苦的感受才會消失。你的**人格面具擁有不一樣的且往往相互衝突的部分，天命可讓它們和諧共處，讓你真正「成為」真誠的自我**。唯有真誠才能贏得尊重並引得他人起而仿效。不曉得天命，就實踐不了天命型領導，而實踐不了天命型領導的話，你要追隨誰呢？

6. 你內心的好奇寶寶會現身

如果你的天命會讓你變得認真又愚鈍，就表示那不是你的天命。若說你的天命蘊藏著一項領導特徵，那肯定就是這個了：「如果你內心的好奇寶寶正在微笑，就表示你處於天命室。」所有的活力、活躍、好奇心、洞察力、全神貫注，都是在天命室產生的。說明白點吧，我說的小孩不是指你的小時候，有些人的童年過得很辛苦。我說的是人人心中都有的好奇寶寶，無論人生的旅程曾經去過何處，都存在著的那個好奇寶寶。

天命要真正有用的話，就必須通過一些嚴格的考驗。下列的常見定義沒有一個經歷過這類考驗。

- **緣由：**拯救鯨魚和終結飢荒算是很好的天命，卻排除了人生中的許多層面。
- **職務、工作或職業：**這些都是描述你做的事情。如果有能力相等的人接下你的職務，而人們說想念你的特質，他們想念的是你的天命。他們想念的不是你做的事情，而是想念你的做法。
- **渴望達到莫大成就：**成為下一個愛黛兒或大聯盟棒球員，或許算是很棒的天命，卻通不過時間的考驗。

我們留下的是真實樣貌的核心本質，是帶給這世界的獨特天賦。我們最能掌控的，就是我們對人生各個時刻賦予的獨特意義。

因此，我們最後回到了起點。人生中的事件就只不過是事件罷了，但每個人對於事件的意義都各有一套說法。只要查看目擊報告的資料，就能感受到兩個人重述同一起事件時，雙方的說法有多麼不同。我們為人生的旅程創造意義。有了天命，人生中的事件會有重大調整，也會變得清楚起來。不合理的或不適合的事情會變得有條不紊，整個動人的「故事」會變得清晰起來。你認清了引領著你的是什麼，那就是你的天命。一旦擁有天命，就能實踐天命領導法。天命會對你的領導方法，以及你身為領導者的真實樣貌造成深遠的影響，後文會向各位證明這點。

通往天命的三大門戶

在職場上和私人生活裡，都跟天命重新連結，並找出方法實踐天命領導法，我希望你到了現在已深信當中的價值所在。你對於自己的天命可能有了一些想法，或許還想出了一兩句話來描述天命。你也許已經在半路上了，但心裡卻覺得那樣的大門不會開啟，而你無法邁向天命。

過程本身是預料得到的。其實，我們學程裡的學員只要找到了天命，就會揭開同樣的場景。課程結束後，表面上漠不關心的學員變得活潑、投入、活躍、強大，就好像某個人把電給開起來了。當一個人清楚知道天命，也有實踐的計畫，那麼只要一現身，旁人都能感受到變化。

那麼該從哪裡開始呢？有些書籍旨在幫助人們找出心目中的重要事物，通常會建議以下事項作為起點：你的悼文或你八十歲生日的祝酒詞，內容會是什麼呢？請寫下來。或者，假如你擁有全世界的金錢與時間，請說明你會做什麼。這類書籍當然認為這樣就能揭露出推動你前進的那個更深層的天命。可惜，這類練習只會產生制式的答案，揭露的內容也很少。舉例來說，問他們突然變有錢了以後要做什麼，多數人都會說出同樣的話：「我要環遊世界，設立慈善基金會。」然而，針對樂透贏家所做的研究顯示，只有一小部分的人會把贏來的金錢與自由拿來追求夢想。我個人的預感是那少之又少的人早就朝著天命邁進了！

如果這類練習成效低落，難以找到更深層的天命，那要用什麼方法才有效呢？多年來，我反覆進行並加以改良，不時還有諸多錯誤的起步，試過數十種揭露天命的做法，以期找出有效的解決之道。最後我和同僚終於有所發現，提出有三大經驗造成實質影響。這三種經驗都經過反覆試驗才設想出來，也都經過證實是通往天命的「門戶」。讀者在後文會有機會應用在自己身上。

1. 美好時光

人生中有些時刻——尤其是童年與成年初期——會因強烈的特殊事件而變得格外耀眼，在那些時刻會覺得自己活得充實，投入於這世界之中。那些時刻也許持續了三十秒鐘，也許持續了三十天。在經歷那些時刻的時候，也許是孤單一人，也許是與親友共度。那些時刻也許是跟重大事件一起發生，也許是發生在平淡無奇的日子。無論是哪一種情況，我們重新敘述那些時刻與相關故事之時，整個人的舉止起了變化。我們原本態度厭世，卻變得活力十足，投入其中。若要跟天命重新連結，講述及領會美好時光不失為絕佳方法。

2. 艱鉅的經驗

對某些人（我自己也包括在內）而言，**最悲慘的時刻可能會帶領著我們邁向天命**。任何規模的挑戰——從私人問題到災難——都有可能害得我們跌到最低點。當我們發現自己處於這類試煉經歷，就會仰賴內心最深處的資源尋找一條出路，努力找出哪個天命會帶領我們脫離困境。

3. 可讓我們多年振奮不已的活動

你有沒有一輩子追求的嗜好、運動或熱忱？永不厭倦的某件事？無論那是駕駛帆船、演戲、打高爾夫球，還是唱歌，這類的活動帶領著我們來到力量強大之處。我們之所以覺得這類活動既吸引人又有滿足感，背後有其理由。我們在這類活動裡找到了一個隱喻，可展現獨特天命之核心本質。

前述三種經驗有好幾個共通點。首先，那些都是強烈的經驗，因此會沿著大腦裡固定的神經連結走。當我們領會那些經驗，不只是有如看到 2D 電影而已，還會獲得整個感官經驗，例如：氣味、滋味、聯想、當中的情緒等。我們重新體驗了驚奇與洞悉的時刻，而這些時刻就是天命含有的基本要素。那些時刻不是引導我們邁向新的事物，而是把我們重新連結到那裡已經存在且是我們獨有的事物，才不是那種典型的好萊塢電影劇本，只呈現出天命「應該」有的樣子。

最後，重新體驗那些時刻，就會感到活力十足，充分投入，產生好奇心，處於當下。成年男女依據拘謹又合宜的成年自我處理事情，只要內心的好奇寶寶接管過來，就能有天命地自發去玩樂。內心的魔法重新點燃，從眼睛和微笑就看得出來。成年人多半會把內心的小孩給隱藏起來，如此一來，就等於是把以下的事情給關在密室裡：振奮精神、帶來活力的事情，讓別人想要追隨我們的事情，可用來判斷哪些工作該接下的事情，用來判斷哪樣科技該投入的事情。連接到天命，等於是讓好奇寶寶坐在駕駛座。

後續三章分別針對通往個人天命的途徑加以探究，當中的一條或多條途徑可幫人打開大門，進入天命室。

天命所在之處早就存在於內心。由於是那樣熟悉，因此許多人往往不由得輕忽了，多數人比較重視那種沒經歷過的或不知道的事情。我們最常尋找的事情，其實往往已經擁有了，只是自己看不到罷了。不斷向外去尋找，卻是找也找不到。

我見到許多領導者進出天命多次。領導者依循天命行事，人人都看得出來，馬上就「懂了」。有人依循天命行事，我們憑直覺就知道了，不用比對清單就領會到了。這種人一現身就很有存在感，這不是說他們很招搖，也不是說他們很會表現自己；他們行事所依據的地方是人人都找得到的，光是本身的存在就能讓行為黯然失色。你閱讀這本書時，聆聽他人故事時，也有可能跨入天命所在之處。

思考要點

1. 閱讀本章以前，你對天命有何了解？
2. 關於天命是什麼、不是什麼，你現在「看清」的哪些事情是你之前沒看清的？
3. 假如你正在撰寫《美國獨立宣言》，要把你獨特的天賦落實在宣言裡，那你那項獨特的天賦是什麼？
4. 假如你今天就離開人世，大家最想念且無可取代的事情是什麼？

第3章

童年時光與天命重新連結

陪伴我長大的事物會留在我身旁。你以某種方式開始踏上旅程，然後花上一輩子的時間努力找出自己曾經有過的某種單純。與其留在童年時光，不如保有某種以不同角度看待事物的精神。[1]

——提姆．波頓，美國導演

提姆．波頓是《陰間大法師》、《魔境夢遊》等電影背後的創作泉源。他的話裡提到了領會天命之一大方法，那就是經由內在小孩。此外，他還提點了一件事，重點不在於成為小孩，而在於我們要怎麼保有小孩般的天真精神，以獨特的角度看待事物。如果天命就是我們帶給這世界的獨特天賦，那麼內心的好奇寶寶可能會知道天命藏在哪裡。雖然這些話聽來了無新意，但是我十年前觀察天命在領導方式中扮演的角色時，對這些話卻是不明白。

為何童年時光擁有強大的力量？

據說，佛陀回想起童年的某一刻，從而悟道。春耕節，佛陀靜靜坐在樹下，這位年輕的悉達多開始觀想著自己的呼吸，自然而然體驗到極樂，沉浸於深層冥想狀態。在多年以後，在四處流離、體驗各種匱乏卻是徒勞一場以後，佛陀想起了小時候那個美好的一天，意識到那次的經驗帶領他走上悟道之路。

對多數人而言，童年與成年初期是成長與探索之時，而那時的見識是無法重來一遍的。整個世界無比新奇，我們每天都用這世界來考驗自己。在那個時候，世界尚未規定我們「應該」成為的樣子或做的事情。我們的教育、文化框架、世界觀還在發展當中。

就連困難的養育過程也保有關鍵的發現時刻，比如說，我們會跟這個世界、跟自己全然和平共處，或者完全處於心流，專注做自己，專注做自己喜愛的、擅長的事情。前述時刻就是頓悟時刻，通往其他可能性的大門就此開啟。這些時刻具有極其強大的力量。回想這些時刻，就會進入截然不同的心理處所和情緒處所。為何有些童年回憶可直接用來了解自身的天命？

童年回憶會留下深刻的印記

就算多年沒想到這些時刻，童年回憶還是歷歷在目，就像今天早上才發生的。強烈的經驗會沿著大腦裡的神經連結走，重新探訪童年回憶，就會進入當年的時光，彷彿那時的事情是發生在現在。喚起強大又動人的童年回憶，就等於是重新體驗那些驚奇與洞悉的時刻，而這些時刻就是天命含有的基本要素。我看過人們跟童年回憶的力量產生連結後，就不由得大聲笑了出來或高興得流出淚來。

克莉絲汀的使命宣言

把放風箏的人變成造火箭的人。

克莉絲汀．哈比（Christina Habib）是靈活應變的領導者，在事業上最受矚天命特點莫過於一連串的企業轉型經驗與重整方案。她最出名之處在於看得到別人看不到的問題，立刻處理問題並永久解決。然而，她上了我們其中一堂課以後，她說自己的天命是「幫助團隊成功，這樣我也能成功。」她這話一說出口，全部的人——連同她自己在內——差不多都要無聊得打呵欠了，那句話聽來說服不了人。她這位領導者明明活力十足、很有影響力，同儕對她也多所讚揚。

我請她回想童年某個難忘的美好時刻，把那一刻的故事告訴大家。克莉絲汀小時候最喜歡用一些紙張布料做風箏，跟爸爸一起放風箏。全家人搬到巴林，那裡不能放風箏。

那是一九八一年的巴林，我十一歲。我爸有一天回家，累得要命，他看著我，問我怎麼了。我跟他說，再也不能放風箏，這裡好無聊。他說：「過來，給你看一樣東西。」他從我的舊作業本撕了一張紙下來，捲啊扭呀折的，把那張紙變成紙火箭。我心想：「**不會吧？難不成要坐在這裡假裝舊作業本會飛？**」他知道我在想什麼，便說：「風箏是過去的事了。你看，就算風箏飛得再高，最後風箏線還是全部纏在一起。只要發揮一點想像力，就可以放開它們，讓它們變成更好的東西。」

這件事發生在一九八一年，當時NASA計畫的第一架載人太空梭首度升空，可是巴林沒有火箭。在那一刻，小女孩明白風箏再也不重要了。克莉絲汀回想起那個片段，意識到自己處於天命魔力出現之處。她的使命宣言是：「把放風箏的人變成造火箭的人。」她在事業上做某些職務做得很出色而別人做了卻是災難一場，她一把宣言說出口就明白了箇中原因。她所屬機構裡的每個人都在放風箏，但是放風箏再也沒有用了。不造火箭的話，一切都完了。她猶如一股莫大的力量，衝了進來，颳了過去，等過了以後，他們已經在造火箭了。

透過天命鏡頭觀看克莉絲汀的事業，原先令人費解的人生插曲往往能獲得嶄新的觀點與意義。假如她進去的機構已經有火箭了，那麼她只不過是另一個會造火箭的人，還有待在那裡的必要嗎？或者，假如機構有風箏而風箏十分有用，那麼她同樣也不適合待在那裡。假如機構正在努力設法造火箭，被風箏線纏住了，那麼精通轉型的她就是適才適所了。「穩穩走」不是她的天命，在她的眼裡，領導就是達到沒人敢提議的業務成果。以下是克莉絲汀的描述：

> 在職場生活裡，我看到天命是怎麼引導著我。在那以後，我處理的每個業務環節變得再也不一樣了。我的天命是一股內在的熱忱，從前是接受事情一直以來的樣子，現在是看到事情可以成為的樣子並努力促成。我們在組合、結構、業務方面做出改變，而那些火箭還在陸續發射。至於私人生活，我在婚姻和孩子那裡碰到困境，一直在處理因應。丈夫與我漸行漸遠，我們倆還是決定在一起，改善婚姻狀況。我跟兩個女兒討論她們的潛力和失敗具備的力量，發射火箭，結果卻沒用，也沒關係。在我眼裡，重點不是達到一堆成就，而是她們害怕失敗而一直隱藏起來的能力。

每當我無法實踐天命，結果就是獲得漸進式的改變，而那改變也無法長久。天命就是我的儲蓄帳戶，而這些年來的挑戰也沒有白費，畢竟我看到了改變帶來的好處。

重新訴說童年故事就能以心目中的獨特方式來概括自己的天命。別人可不會說他們的天命是「把放風箏的人變成造火箭的人」。如果不去解釋這句話的意思，課堂上沒人會了解當中的含意。然而，在克莉絲汀的眼裡，這句話解開了意義，幫助她專心行動。

這些美好時光別人不一定看得到，而且也許只持續了幾秒鐘，但在那一刻，我們覺得自己彷彿活了過來。一回想起美好時光，往往會露出微笑，比如說，某位領導者小時候真的相信自己有超能力而且永遠不能講出來，她一想起這件事就不由得露出微笑！

人們領會童年回憶來構思使命宣言，還有其他很好的例子。假如你認識這些人的話，就會明白這些故事如何完美確立他們獨特的天命，而各個天命都可分別用一句話表達。那也是一種提醒，你可能會認為這些故事在別人聽來平凡無奇，但在你眼裡卻是意義深遠。領導者深入了解故事，就能運用故事裡的隱喻，認清自己是怎麼領導，何時是依循天命行事。

德克．德沃斯（Dirk Devos）是資深行銷副總，直接給人的印象是一有什麼事需要做就立刻投入其中，一有某件事需要解決，就著手開始。

德克的使命宣言
奔向未知，找出哨音位置！

德克在童年時有過動人的美好時光，那段時光完美表達出那個引領著他的天命。他當了十六年的童軍，喜愛一年一度的夏令營。在夏令營，他可以夜間健行、河上造橋、自炊、參加三天生存之旅，還可以發明新的遊戲。夏令營的重點就是冒險，挑戰新事物，發現未知事物。對德克而言，有可能發生的狀況會帶來緊張刺激的感覺，所以夏令營才這麼好玩。他的座右銘是：「我們可以走得多遠？」他喜歡突破界線、挑戰困境，他運用想像力和創造力，構思出解決之道或抵達目的地。他碰到的任務要是需要機靈和智謀來因應處理，他就會覺得自己可以征服世界。

對他而言，有個遊戲最是能呈現出前述的特質。夏季有個期末考必須克服內心恐懼並運用所有的童軍技能。深夜，某位資深童軍會進入黑暗的森林裡吹哨子，然後童軍要以一次一個的方式，不帶手電筒進入森林裡，跌跌撞撞尋找哨音位置。除了找哨音的挑戰外，吹哨者還會移動，要是只追著最後的哨音走，就永遠找不到哨音位置。你必須弄清模式，判定哨音接下來會在哪裡，而不是去最後聽到哨音的所在位置。

德克的朋友大多都很害怕，但德克覺得很刺激。獨自一人在黑暗的森裡，沒有光，周圍有些奇怪的聲音，追逐著哨音，原以為在那裡，追了過去卻不在那裡，這種經驗對多數人而言都很恐怖，德克卻有如置身天堂。他毫不畏懼，接下不可能成功的任務，決心要找到森林裡的那個傢伙。經過了一小時又一小時，德克意識到關鍵不是朝著哨音的方向走，而是要慢下腳步，專心聆聽。其他孩子找不到哨音位置，覺得很不開心，他聽到他們的聲音，反而更想專心聆聽，找出模式。最後，他終於抵達哨音的所在位置，那個在凌晨時刻吹響的哨音。

「**奔向未知，找出哨音位置！**」在團隊裡，提出困難問題並追尋哨音的人往往就是我，而且我心裡毫不畏懼。現在想來，這些角色是我扮演起來最自在的，精神也會為之振奮不已。重點不在於冒險，畢竟注意力要放在最後的結局上，也就是要改變做事方法，落實成長。

——德克

藍傑的使命宣言

人帶到舞台中央，燈光！攝影機！開拍！我們造就不同。

回憶童年美好時光，跟天命重新連結，結果獲得重大「啟發」。我碰到藍傑的時候，他是個很嚴肅的傢伙。他在某家全球公司擔任人力資源資深副總，他的職務要擔起莫大的責任和挑戰。人們認為他是個價值導向的領導者，多半不苟言笑，最起碼要等到他跟天命重新連結以後才會有所改變。沒錯，我們可以避開自身的天命，但天命永遠在那裡等著我們領會。

當藍傑談到童年的美好時光，他的變化幅度之大，讓我嚇了一跳。此外，他不是只有一個美好時刻而已，他的童年擁有一連串的美好時刻。結果發現藍傑長大後變得喜愛舞台。他最早的記憶就是在舞台上、在鎂光燈下，要麼是在獨角戲裡單獨演出，要麼是戲劇裡眾多演員當中的一個。他的童年時光全都花在表演上。他要是沒有喜歡的劇本，就會自己寫劇本，然後表演出來。他曾經表演脫口秀，還競選高中學生會會長。他在課業上表現傑出，卻覺得這些活動比課業還要好玩多了。看著藍傑訴說這些故事，堪稱深刻的體驗。我們看著他從不苟言笑的男人變成了最有活力、最有好奇心的男孩，就好像有個人在藍傑的心裡開了燈。他完全忘了這個人生片段，忘了這個片段是怎麼塑造出今日的他。他跟天命重新連結，多年的重擔從他的肩上卸下。藍傑體悟到是什麼能讓自己做出「最後一擊」，那就好像有人把他從未有過的指南針給了他。藍傑的使命宣言是：**「人帶到舞台中央，燈光！攝影機！開拍！我們造就不同。」**

這件事對藍傑帶來莫大的影響。他現在願意冒著很大的風險，把賭注放在關鍵人員身上，把他們帶到舞台中央。他喜愛把人員往上升遷兩三級，這樣別人就會搔著腦袋，猜想著到底怎麼回事。教導並支持人員，現在已成了他的天命關鍵句。他意識到自己之所以在職涯裡處於這個位置，是因為人們對他下了大賭注。他第一次有這樣的感覺是在小時候，當時周圍的人都支持他站在舞台中央。現在，他提醒自己：「我們把人帶到舞台中央，對他們下大賭注，在他們身上投資。」他察覺到一點，如果求職者第一天就做得很順利，就表示你其實沒有培養那個人，對方早就準備就緒，不需要你的幫助，三年後就想離職了。如果你下了大賭注，對方會待很久，並留下遺緒，正如藍傑做的那樣。然而，這並不表示頭兩年不痛苦，藍傑體會到頭幾年的辛苦正是把人員帶到舞台中央的關鍵。

在職涯裡，我們理應有一段時間替藍傑這類的人工作。我曾經替藍傑這類的人工作，那一直是我最具力量、最滿意的工作經驗。假如他並未重新連結到童年的美好時光與天命，那麼許多人就很有可能今日就無法站在舞台中央。

天命總能帶來歸屬感

現在回到克莉絲汀的例子，回到火箭驅動的天命型領導者，以此做為本章的結尾。克莉絲汀跟天命重新連結以後，見證了天命在她目前職務上所發揮的力量。

你問我，為什麼現在要講我的天命？像現在這種時候，在瘋狂的VUCA世界，在苦苦掙扎的業界，大家被自己的風箏線給纏住了，抓著以前有用的做法不肯放。唯有火箭膽敢表明人們是有可能登陸月球的。我們過去所知的世界再也不復存在。

我們終其一生尋找著存在的意義，做著我們在做的事。在這個要求嚴苛的自動駕駛人生裡，意義難以找尋、容易丟失。

克莉絲汀跟天命重新連結並找到使命宣言的那一刻，故事並未結束在此。

或許你還記得那個男人吧，他把我從無法放風箏的絕望裡給拉了出來，在一個無法想像火箭的國家，讓我看到了造火箭的可能性。某年的十二月四日，我不由自主地用Google搜尋火箭的PowerPoint投影片。那週明明工作繁重，還碰到人生危機，不知自己為何一時衝動，浪費了一段時間。今天，我想起來了，十二月四日是那個男人，是我爸爸去世的那一天。我從來沒有好好道別，也沒說過我有多愛他，為此折磨自己八年。現在，我坦然接受事實，其實我們不用道別，他以某種方式還繼續活著，活在我的心裡，活在那個傻裡傻氣的 PowerPoint 投影片上面。「克莉絲汀，風箏的事別煩了，我們來造火箭。」

思考要點

1. 你小時候有什麼活動或時刻是最開心最滿意的？（可以是一個特定的時刻，一個特定的活動，或好幾個經驗。）
2. 詳細描述那一刻。請寫得好像你現在就回到過去親身體驗一樣。
3. 故事當中有哪些關鍵要素脫穎而出？
4. 你回想起那一刻時，產生了哪些情緒？

第 4 章

逆境試煉，讓天命展現

殺不死我們的，讓我們變得更強大。[1]

——尼采

對某些人而言，在最黑暗的時刻，天命顯得最是光彩奪目。我們的人生能以這句古老的諺語做為總結：「平靜的海洋打造不出高明的水手。」在《奇葩與怪傑》（*Geeks and Geezers*）一書中，作者沃倫·班尼斯（Warren Bennis）和羅伯特·湯瑪斯（Robert Thomas）認為試煉是強烈的經歷，考驗著我們，把我們逼到極限。「克服逆境並且變得比以往更強大更堅定，這件事需要的技能就跟造就卓越領導者是一樣的。」[2]試煉經歷可能會迫使我們的真實面貌終於「現身」並且落實天命。

我找出天命及依循天命行事的能力，深植於人生中最具考驗的一些時刻。一直以來，回想童年美好時光無法引領我了解天命，經過一段十日，我的熱忱跟我的天命有了連結，但觀點卻受到局限，只知道試煉時刻在我眼前展現的樣子。如果你尚未檢討自己最受考驗的時刻，尚未檢討那些事件在你眼前呈現出你真正的模樣，那麼就不可能成為真正自我覺察的領導者。如果在那些時刻找不到你的天命，就表示那可能不是你的天命，不是嗎？

試煉蘊含的力量

唯有我碰到兩位傑出的女性以後，才終於認清了試煉在確立天命上可能扮演何種角色。那麼，在我把自己的故事告訴你以前，我想先介紹賈姬和史黛西。我為了了解天命來自何處，剛開始踏上旅程時，我從她們身上學到了一點，試煉故事蘊藏著力量，在那個特殊之處可找到天命，有著我們帶給這世界的獨特天賦。

賈姬的使命宣言

不屈不撓，散發光彩。

賈姬在一堆男人的領域裡打滾，在某家類似 Home Depot 的大型零售商，擔任紐西蘭新任總經理，必須帶領大家投入重要的企業重整方案。那件任務在別人眼中都認為是無法取勝的，她卻能有自信地領導大家投入，我真的很好奇，想找出推動她向前的天命，結果沒讓我失望。

賈姬說出她的試煉故事，我於是知道我們處於天命所在之處了。我們回想起很久沒想起的艱辛故事都是語調沉靜地講著，一旦把故事說了出來，就覺得負擔輕了，也很感謝自己能在艱鉅情況下學到沉痛的教訓。不過，賈姬的故事並不是這樣，她講起自己的故事總是一臉狂熱。我聽著她的故事，才第一次明白了，原來不是只有我一個人的天命是來自於死亡與重生的神聖故事。

賈姬十五歲就發現自己懷孕了，她男友是二十九歲的職業足球新秀。兩人都是規矩的天主教徒，於是就結婚了，卻不是為了愛才結婚。接下來九年，她眼見人生分崩離析，丈夫受傷，只能坐在場邊觀賽，後來開始喝酒。喝了酒，肢體暴力就來了。二十五歲、懷孕八個月（那是第三個小孩）的她帶著兩個女兒離開。她想起當時下著小雨，她站在藥局前面，懷孕還帶著兩個女孩，除了她們身上背著的衣物，其他東西都沒有。接下來三個月半，她們住在收容所裡。然後，多了新生男嬰以後，她收到收容所的住屋補助。第一晚入住新家，她望著熟睡的孩子，當時的她站在一堆箱子旁，箱裡裝滿的物品多半是陌生人捐贈的。在那個當下，賈姬有了「感嘆」的時刻，那一刻的明確是她此後再也沒有經歷過的。有些辛苦的狀況是多數人不敢設想要處理的，賈姬卻發現自己在處理那種狀況時，心裡最是平靜。

你讀完她的故事可能沒想到最後一句話會是這樣，我也絕對沒想到會聽到那樣的話。每天，她想著要怎麼餵飽自己和孩子，要怎麼拼湊出一個跟往日截然不同的生活。她振作起來，追求事業，撫養孩子。她竟然從來沒說過這則故事，等到我們倆坐下來談才說出口。在訴說的過程中，天命出現了。那天命她知道，我知道，而你也很快會明白賈姬的天命。

試煉經歷往往不只一個

她的下一則故事發生在經濟衰退的二〇〇八年。當時，賈姬在某家全球零售商已經是很有成就的資深高階主管，不久前還在香港開了旗艦店。可惜，後來旗艦店必須結束營業，而且要快。賈姬決定擔起負責結束營業的角色，她個人的大目標是替全體三十名員工找到新工作。在一般時期，這件事需要三個月至六個月的時間。然而，在經濟衰退的二〇〇八年，沒人知道是不是到谷底了，沒人在雇人。那裡的文化是不開除人的，況且語言隔閡差不多就跟文化隔閡一樣難以跨越。當她對團隊告知現況，顯然很少人懂得她在說什麼。這家全球公司不在乎，公司的立場是「就讓他們走吧」。

賈姬決心不做那種人，她親自陪著團隊裡的十二個人參加重要面試，期望他們能拿到外頭少之又少的工作機會。沒人要她這麼做，但在賈姬的眼裡，這些人就跟她自己的孩子沒兩樣。為了每一位員工，她會想盡辦法做好該做的事。在此要說清楚，這些人並不是跟她共事多年，其實只有共事幾個月。然而，賈姬只懂得一種做法。她最後一次關上店門，每個人都找到新工作，那是她人生中極其快樂的日子。

接下來是賈姬的最後一則故事。你肯定在想著她的天命到底是什麼……到了現在，應該會越來越清楚了吧。她的天命可能會是什麼呢？

賈姬的下一個工作是在另一家全球零售商。她想成為區域經理，可是就算她的工作成果明顯展現出頂尖的績效，晉升到重要職務的卻是別人。最後，董事總經理跟她談了，他看著她的眼睛，說：「我們希望你擔任區域經理，我們需要一位女性，我們的人當中，就你表現最好。」賈姬非常努力工作才晉升到今天的這個位置，她可不想變成資深團隊的女性門面。她隔天就辭職了，那六年她向來全力以赴。

人各有不同，有些人覺得是災難，在別人眼裡卻是功績。賈姬有項獨特的天賦，她懂得因應那些考驗時刻。我們探討著她的故事，共通的脈絡隨之顯現，那也是她的使命宣言：「不屈不撓，散發光彩。假如發生一團糟的狀況，我想站在賈姬身旁。」

從人生試煉的模式，認清天命

試煉經歷有其模式，認出模式就能認清天命，而正是那個天命在難關時引領著我們往前邁進。無論是出生的地方，還是從小到大面對的這個世界，我們都是沒辦法選擇的，我們能選擇的就只有要怎麼共處，怎麼把天命應用在人生旅程上。

史黛西的使命宣言

發起值得投入的戰役，讓頭髮往後飄揚。

史黛西七歲就活在試煉裡，她從紐約搬到德州，像是魚離了水，還帶著北部腔。約一年後，她家又搬回東北部，她又得去新的學校，努力交新的朋友。她的父母筋疲力竭，多年盡著本分，照顧某位生病的家人，常常不在家，所以她都是自己一步一腳印努力，不用父母擔心。她有一定的毅力與韌性，學科成績全部拿到A，參加校隊，還編輯校刊。

二十年後，史黛西在行銷傳播部門工作，此時的她認為自己需要個新的挑戰。她決心加入公司稽核團隊，經歷跟她一樣的員工從未成功進入稽核部門。第一個難題就是說服資深領導團隊給她一個機會，後來他們答應了，先進行為期四週的「前導」任務。她在前導任務達到通過標準，開始擔任公司稽核人員，接下財務工作。當時的她並不清楚，這就像加入特種部隊一樣，很難在短期內快速掌握，有幾年的時間，她一天只能睡兩小時，還要出差到全球各地工作，從來沒辦法在同一處久待。她想辦法撐下來，努力學習，大部分的時候，她覺得自己好像是會議室裡最蠢的那個。有好幾年的時間，她每天都想要放棄，卻還是繼續做了下去。

然後，她生第一個兒子時，跟死神面對面。她在手術台上癲癇發作，醫生用帶子綁住她，她盯著頭上的燈光，心想：「哇，我就要這樣死了嗎？」等她醒來以後，臉色蒼白如鬼的醫生對她說，她差點就要肝腎衰竭。她這生第一次不得不慢下步調，照顧自己和新生兒。工作必須排在第二，這對史黛西而言絕非易事。

她說的最後一則故事是她二十幾歲的時候，她經診斷帶有 BRCA1 基因*突變，有可能罹患乳癌和卵巢癌。她母親很年輕就罹患末期卵巢癌，所以她知道自己有八七%的機率會罹患乳癌，五四%的機率會罹患卵巢癌。她在耶魯醫院是接受預防性乳房切除術最年輕的患者，後來三十幾歲的時候，選擇接受預防性子宮切除術，藉此降低風險。她把可怕的現實化為自己可送出的恩賜，她成為 Bright Pink 非營利組織董事與教育大使，支持處境相同的年輕女性。

史黛西以活力十足、神采煥發的樣子，訴說自己的試煉故事。她回想自己的故事，想著自己以活力與好奇心應對人生中的這些時刻，說出了一句很相稱的使命宣言：「**發起值得投入的戰役，讓頭髮往後飄揚**。」這個強烈的天命有如完美的解藥，解決了史黛西面臨的所有難題。如果你親眼見到她，立刻就會明白我話裡的意思。在我遇見的人當中，她散發出的活力最是強烈。如果你站在她的旁邊，你的頭髮肯定會被她的活力吹得往後飄揚！

史黛西和賈姬兩人尋求的冒險，是別人避之唯恐不及的。當她們面臨著別人視為災難的情況，她們的天命讓她們變得活力十足。在某種程度上，那就是天命帶來的美好恩賜。人人各有一套獨特的方式因應事件。因為每個人都是不一樣的，所以別人看不到的多種可能性，我們卻是看得很清楚。

＊無論男女，每個人身上都有 BRCA1 和 BRCA2 兩個基因，其功能是參與細胞修復 DNA 且協助維持細胞穩定生長。一旦這兩個基因發生突變或變異，可能造成細胞不正常增長，最後導致惡性腫瘤組成。

把自己的青春視為試煉

現在該來談談我的試煉旅程。一九六〇年代晚期，我在田納西州查塔努加郊外某所小規模的小學讀一年級，距離那個時期發生的一些事件很是遙遠。我的世界是一年級教師造就的世界，她很懂得用木棍。基於某個我永遠不得而知的理由，她認為我在全班當中是最需要每週都吃棍子的學生。有時，我做了某件事，絕對會被她的棍子提醒著要守規矩。不過，大部分的時候，我什麼也沒做，她卻說我做了壞事，只是她沒抓到，所以要補打。你可以想見這種事對六歲小孩的影響。我還記得，當時體會到一點，無論我做了什麼事，還是什麼事也沒做，都無法改變情況。至於跟爸媽說，想也沒想過。於是我決定更努力，要變得比別人都還要聰明。

我需要進入內心的某個地方，她進不來的地方；幸好，我進入了內心的家。如果外頭沒有家，就往心裡頭找。重點不在於公不公平，而在於我是怎麼因應那種逃脫不了的情況。從小學一年級開始，閱讀成了我的逃避手段，閱讀的重要年復一年增加。

此後，人生變得好了許多，我可以說自己度過了相當「普通」的冒險旅程。到了十五歲，我再度落入困境。一九七五年，我九年級讀到一半，我們全家搬到南卡羅萊納州的查爾斯頓，我落到了美國境內糟糕至極的學校體制裡。原本是住在不錯的獨棟住宅，搬家後住在地下室公寓。我父母的關係和工作都處於最低點。我是個孤獨的書呆，茫然得不知所措。

有一天，我騎腳踏車去書店，走到了哲學還有今日所謂的「心靈勵志」的那一區（如今書店裡的書籍有半數以上都是心靈勵志書）。我開始閱讀亞里斯多德、海德格等偉大的哲學家，沉浸在各種故事裡，例如：浮在空中的佛教僧侶、聖雄甘地等。我閱讀的時候，頓時體悟到一個共通的主題：「人類的潛力是多數人達到的、經歷的十倍之多。」這些故事講述著一些人做著看似做不到的事情，但他們還是放手去做了。我才十五歲，覺得自己離這些人好遙遠，卻也同時覺得自己終於獲得「回家般的歸屬感」。我記得當時覺得自己再也不孤單了，好多故事講述著茫然、被排斥、不受歡迎的感覺，我很有共鳴。然而，那些是贖罪和洗心革面的故事。

我體悟到自己有可能一輩子都當受害者，也有可能一輩子專心找出自己能成為的模樣。我記得當時有了那樣的想法，做出了選擇。我是不是心想著「哇，我現在知道自己的天命了」？不是，我是專心在黑暗的人生裡找出一些光，不多也不少，就只是這樣罷了。**唯有回首過去往事，才會看到天命其實就在眼前展現**。

表面上，我的人生沒有起太大的變化，但我跟這世界的關係卻有了很大的變化。我體悟到人生中發生的事件就只不過是「事件」罷了。我們對事件賦予的意義，左右了我們的反應和做法。我開始閱讀那個主題的所有內容，而現實世界中的例子幫不上忙的時候，《沙丘》

和《魔戒》小說幫上了忙。實際上，《魔戒》引領我這位笨拙的青少年度過許多艱難時期。與其說是逃避，不如說是提醒，無論當下事情看來有多糟，我們全都可以進入自己的大我。

一九七七年，我決定學習靜觀。我在黃頁電話簿裡查詢「靜觀」，一九七〇年代的黃頁電話簿就等於今日的 Google 搜尋。如果僧侶能夠靜觀、降低心跳率、浮在空中，那麼我也想要做到。當時，我的天命正在試著影響我，我只是不曉得自己的天命到底是什麼。

我的下一個試煉是大學畢業後的第一份工作。我拿到電腦科學學位，搬到波士頓，在迪吉多電腦公司（Digital Equipment Corporation，今日的ＨＰ）工作，當時該公司應該是結構最鬆散的職場。頭六個月，沒人跟我說該做什麼，指示也不多。我大學成績全拿Ａ，接受過海登．波特（Hayden Porter）博士的絕佳指導。他長得很像《魔戒》的甘道夫，其實我有好多次都覺得自己像是佛羅多。波特博士不斷推動我往前邁進，可以說是很正面的試煉經歷。

做第一份工作時，我是沒了甘道夫的佛羅多，處境悲慘，覺得工作像是在坐牢。於是，我做了向來會做的事——我去找尋智慧。這次，既然是在波士頓，就不用讀書了，可以直接聆聽智慧之語。師資無所不在，有地球上最懂得轉化的達賴喇嘛、麻省理工史隆管理學院教授艾德．夏恩（Edgar Schein），後者對機構文化變革提出的洞見，我至今仍在應用。

我浸淫在智慧大師的見解中，而回去工作時，就決定去上一些名人的課程，那些人創造出當時最厲害的電腦軟硬體 VAX-11/780，這部機器對電腦產業的影響之大，就好比數年後蘋果公司的麥金塔電腦。VAX作業系統創造者大衛・卡特勒（David Cutler，後來創造出Windows NT作業系統）表示，他之所以拿到工作，創造出VAX作業系統（RSX）的先驅，是因為當初第一次開會，他就已經寫好五萬行的程式碼，帶到會議上。我聽著他說出這則故事，重大的頓悟時刻突然出現。試煉最嚴苛的時候，我往往會有最深刻的洞察力，而我聽到了這樣的訊息：**「你可以創造自己的命運，也可以任由命運來到眼前。」**那幾年，我就只有在那一刻最是獲得「回家般的歸屬感」。

接納自己真實樣貌的本質

我到了四十五歲左右，才找到使命宣言，當時我正在跟比爾・喬治一起撰寫《找到你的真北記錄本》（*The Discover Your True North Fieldbook*）。[3] 我負責天命章節的內容，心神變得專注起來。天命猶如堅定的嚴師。我的使命宣言的措辭是這樣的：**「讓你清醒過來，讓你終於獲得回家般的歸屬感。」**為什麼是用這些措辭，不是用別的呢？我讓別人清醒過來面對他們更深的自我，此時的我最有活著的感覺。而別人也曾經在我最黑暗的時刻讓我清醒過來，比如說《魔戒》的甘道夫、VAX作業系統的創造者。我始終覺得清醒面對內心深處的真貌就好像是真正獲得回家般的歸屬感。多年後，我在此回首那些經驗，開始看清天命是怎麼顯現在我從事的工作裡。

我經常會碰到那些正處於試煉的人。這種時候，我會微笑，因為我知道內心深處的真貌——天命——就在轉角等著他們。天命顯露之時，大部分的人都會訝異不已，他們終於接納自己真實樣貌的本質，終於獲得「回家般的歸屬感」。

在領導者的眼裡，「你找尋的就在你的內心」這一點最是重要，不要追逐著別人心目中的聖杯。我很喜歡《綠野仙蹤》的結局，桃樂絲歷經試煉，準備要回家，卻不曉得方法。好女巫葛琳達從天而降，說：「只要你腳上的紅鞋互敲三下，就有力量回家了。」在某些方面，那就是我的天命，幫你明白自己始終有力量獲得回家般的歸屬感，表現出自己的真實樣貌。教導真誠領導力與天命學程，是我實踐天命所採用的策略。

鋼鐵要經過火煉。度過人生中的困難時刻或漫長又顛簸的時期，最是能鍛鍊天命。只要探究我的試煉故事，就得以回答一堆問題，比如說：「我是誰？」「為什麼我做了這些事？」「我要前往何處？」這些問題是許多人都有的。

天命始終引領著你。你有機會徹底發揮。別人看成是試煉經歷，在有些人的眼裡卻是有機會實踐天命領導法，還會覺得自己的天命在此時最是能發揮掌握。像我這樣需要一點挫折才到得了天堂的人，希望你們能探究自己的試煉故事，讓光照耀在天命上，並且在這過程中，更獲得「回家般的歸屬感」，更能表現自己的真實樣貌。

思考要點

1. 說明你最艱難的人生經驗，請舉兩三個例子。可以是最受考驗的私人時刻或工作時刻。
2. 要是沒有這些經驗，你的人生會缺少什麼？
3. 這些經驗為你的人生帶來哪些恩賜？
4. 要撐過這些經驗，關鍵在於你內心裡的什麼？

第5章

藉由熱忱找出天命

> 簡單來說，熱忱就是好奇心，就是我們最在乎的那些事情。熱忱無論是何種形式，從生命力就能鑑定出來。熱忱是「活力」，我們能深切感受到熱忱的存在。熱忱推動我們在這世界採取行動。此外，熱忱不會停止，會一再出現在我們的思維與經驗中。[1]
>
> ——理查．萊德

在許多人的眼裡，最後一個領會天命的方法正是關鍵所在，可揭露出是什麼引領了我們一輩子。根據理查．萊德——這位同僚廣泛書寫了熱忱與天命之間的關係——的解釋，持續為人生帶來最大生命力的那些行動，往往能揭露出領會天命之有效方法。

我們全都懷有熱忱，而許多熱忱在一段時間過後會有變化。熱忱必須在我們的身邊一段時間，才能幫助我們連結到那個引領著我們的天命。雖然熱忱可能不是我們今日追尋的活動，但是在我們人生中的某個基本點，熱忱已成為我們不可或缺的一部分。無論我們的熱忱是美式足球、跑步、唱歌、滑雪，還是演奏小提琴，關鍵在於我們從事這類活動時獲得多少生命力與活力。

我們處理這類活動的方法各有不同。舉例來說，我們不會把熱忱說明手冊看成必要之惡，不會以為那樣就不會去做真正想做的事。我們以截然不同的角度去看待這類手冊和指南。前人的教訓與故事是我們度假時閱讀的，讓我們覺得有了活力，還重新連結到心目中重要的某件事。

對多數人而言，我們為了謀生而做的事情，我們擔任的職務類型，或甚至我們擅長做的事情，其實跟前述活動沒有太大關係，或甚至毫無關係。熱忱是我們喜愛做的某件事，而且是光是做那件事就開心了。在這樣的熱忱中，有一套隱喻與途徑可看清那個接收我們天賦的世界，可看清那個引領著我們的天命。熱忱就像是可領會童年美好時光或試煉經驗的其他方法，熱忱是我們經常做的某件事，而跟那件事有關的神經連結會強壯起來，視覺畫面、情緒、肌肉記憶會變得鮮明獨特。那麼這世上跟我們擁有同樣熱忱的人呢？即使擁有相同的熱忱，人人各有一套獨特的方式去經歷熱忱並應用在這世上。美式足球選手沒有一個是一樣的，獨奏者對協奏曲的詮釋也各有不同。

跟人生沒走的那條路和解

約翰的使命宣言
永遠都是管弦樂團的第一小提琴手。

約翰對人生的選擇難以取捨。約翰的公司事業達到巔峰，他擔任資深行銷副總，廣告預算數千萬美元，是能獨當一面的人了，可是他卻很矛盾。他二十一歲時，正在邁向世界級小提琴手之路，然後他墜入愛河，結婚，有了孩子，把夢想擱在一旁。他獲得行銷碩士學位，很快就往上爬，晉升的速度比同僚快多了，終於爬到頂端的行銷職位。如今約翰四十五歲，他腦海裡的聲音不斷在問，當初是不是走錯了路。如同羅伯特·佛洛斯特（Robert Frost）〈未行之路〉詩作的敘事者，約翰看見了：

黃葉林裡岔出兩條路，
可惜無法兩條路都走……[2]

約翰心想：「假如當初繼續拉小提琴，會怎麼樣呢？現在會不會在一流的管弦樂團當第一小提琴手？」晚上和週末，約翰拉著小提琴，不由得起了疑惑。

約翰談著拉小提琴的事，整個人都開朗了起來，像是通了電就有了光。我們在天命室裡，難就難在於要弄懂他是怎麼始終都能進入天命室。那些詞語幫助我們領會天命，那些詞語必須代表著某件力量非常強大的事，要能幫助我們連結到天命。

在約翰拉小提琴經驗當中的某處，可以通往我們正在尋找的天命室。對許多人而言，無論是彈奏樂器、唱歌、滑雪，還是打高爾夫球，總之我們做的某件事可超越空間時間，那個地方就是天命所在之處。

我請約翰說明他為何認為自己能成為世界級的第一小提琴手，他列出的特性就跟那些有助他快速升到頂尖職位的特性一模一樣。他口中的自己是個非常守時的人，他能讓整個管弦樂團都團結起來，創造美好時光，協助指揮家。他一邊解釋，一邊散發出活力，而他剛才描述拉小提琴時，也展現出同樣的活力。他描述的自己就跟近來同儕和上司績效考核對他的描述一模一樣，這點並不出人意料，別人就是這樣看待約翰的。

約翰的天命是「**永遠都是管弦樂團的第一小提琴手**」。當我們看著他是怎麼引領人生、過著人生，他永遠都是以第一小提琴手的角色行事。有時，他真的在拉小提琴。他一有了那番洞見，就意識到人生中最大的矛盾消失了。他不用再想著自己該不該走上另一條路。只有一條路，那條路就是天命，一直引領著他並且展現在人生各個層面。他夢想成為的人，向來就是他自己，也永遠是他自己。約翰把使命宣言（「永遠都是管弦樂團的第一小提琴手」）告訴上司，上司大聲笑了出來，然後跟他說，他們正是因此才把這麼高的職位給了他。

每個人都很矛盾，由一些看似矛盾的要素組合而成。我們有時難以接受自己的某些部分，或者難以找到地方讓那些部分「呼吸」。天命有個很大的恩賜，那就是能解決我們真實樣貌的矛盾，原本會隱藏自己的一部分，也轉而覺得自己完全整合了。那樣的整合與和諧是我們最想在領導者身上見到的特質。

這就是天命蘊含的力量。**所謂的天命，與其說是實際的工作，不如說是獨特的做事方法**。約翰現在能演奏小提琴，而在演奏時，也認為演奏能完整傳達出他的天命，就像他在大型會議擔任關鍵角色，準備超級盃廣告那樣。無論我們做的是什麼事，天命都會經由我們展現出來。知道了天命，就能跟自己的真實本貌和平共處，能跟我們帶給周遭世界的魔力和平共處。

發揮熱忱的力量

那麼，長久以來，你懷有熱忱的事情是什麼？對某些人而言，熱忱是運動，那已成了自我認同不可或缺的一部分。長時間的練習和踢球，加上學習到的教訓，成了富饒的沃土，使我們得以認出那個引領著我們的天命，尤其是人生不一定總能專心帶來快樂的時候。我們有神經連結和路徑組成的深層網絡，可在我們走回沃土時，讓我們專注在天命賽事上。

彼得的使命宣言

每天每一處都在比冠軍聯賽。

這裡講的是彼得的例子，他是三兄弟當中的老大，而他父母不該結婚的，家裡的情況總是一觸即發，踢足球是他逃避的方法。他念大學時，父母終於離婚，離婚過程十分混亂，不斷吵架，還告上法庭。他還在念書，就介入調解父母的離婚事。他跟媽媽住在家裡，處理離婚可不是大學生的正常生活。因此，足球顯得更為重要。家事如麻，他卻能在競爭激烈的環境中成為一流足球員。

此時，你可以說他的故事或許跟別人並沒有那麼不同。很多人都在踢足球、美式足球、棒球或其他運動，但是那真的是他們領會天命的方法嗎？彼得一生對足球的熱忱比多數人還要更強烈，他從七歲到三十四歲都待在地方上同一個球會裡，有時一週三次開七十五英里（約一百二十公里）的路程去練習及比賽。沒人有薪資，而且這個球隊跟其他球隊不一樣，沒有前任職業足球員可以倚賴。然而，彼得的球隊贏得荷蘭業餘足球聯賽冠軍，還贏了兩次。他一次次婉拒升職，這樣才能留在荷蘭，待在球隊裡。他接下了比較沒吸引力的一般管理職務，放棄了有潛力又容易快速晉升的專業之路。他的使命宣言是：「**每天每一處都在比冠軍聯賽**。」

對彼得來說，「冠軍聯賽」是指發揮最高表現水準，同時跟每位選手都培養出緊密的關係。今日，兩百多名經理在他手下工作，而他的大目標就是跟每個人建立私人友誼。跟人親近是他在場上與場下的領導風格。雖然他必要時會站出來領導大家，但是他其實喜歡以資深選手的身分成為團隊裡的一員，喜歡保持近距離，看清大格局。

在此要說清楚，彼得的天命其實不是踢進冠軍足球聯賽，那只是個一種隱喻，一個句子，用來提醒他以真實本貌行事。天命會顯現在我們有強烈熱忱的事情上，因為這類事情正可傳達出天命。讓我們有活力或懷有熱忱的那些事情，可建構出一套複雜的經驗、智慧、心態，強而有力地呈現出那個引領著我們的天命。

彼得一度離開荷蘭，成為泰國辦公室排名第二的領導者。他手下的管理團隊不是很優秀，但是面試了外面的許多應徵者以後，他意識到手下的團隊就是最好的了。於是，他決定開始實踐天命領導法。當初在荷蘭沒人料到業餘足球隊竟然表現得這麼好，而他沿用當初的做法，讓泰國團隊的業務逆轉勝。

克勞迪奧的使命宣言

在水上飛翔。

最後一個例子，我們回來談天命的力量和人人都有的矛盾。克勞迪奧的使命宣言是：「**在水上飛翔。**」我知道這句話聽來沒道理。雖然他的天命很矛盾，但是一開始不是這樣的。他花了一些時間才想出這句話，因為他卡在這個天命裡：「為公司與業務創造價值，為人們的生活建築快樂。」記住，**天命必須適用於人生各個層面**。我們在自己做的所有事情上都要擔任領導的角色，不是只有在拿到薪資的地方才擔任。當然了，快樂是好事，顯然也是他的天命之關鍵要素。然而，他跟很多高階主管一樣，都卡在事業心態。他這人個性十分嚴肅，快樂似乎不是他的特殊天賦。問他在家裡是怎樣的人，我得知克勞迪奧有個特殊需求的二十幾歲兒子，跟他和他妻子同住。

那麼，在家中和職場上，他要是怎樣的人，才能傳達出他的天命呢？他的兒子顯然是個試煉經歷，但他並不是這樣看的。他童年的美好時光並不醒目，也沒什麼幫助。原來克勞迪奧喜歡游泳，那是他長大以後才喜歡做的事情。兒子的診斷結果出來後，情況變得很難應對，於是游泳成了他獲得平靜的方法。

克勞迪奧不只是喜歡游泳而已，他最愛的是一種少有的體驗，是游泳時有了在水上飛翔的感覺。在那一刻，水消失不見，他可以一趟又一趟游個不停。其餘時候就只不過是每日訓練，在水裡努力游泳罷了。對他而言，要是沒有水上飛的體驗，那麼所有的努力就不再那麼有意義，不再那麼有滿足感。跟他很熟的那些同事聽到這件事，就說：「沒錯，那真的就是你帶給會議的貢獻，而且那貢獻沒人做得到。你把不可能化為可能，做起事看起來毫不費力。」他回答：「是啊，看起來是這樣，有時感覺也是這樣，但那是每天都練習、練習好幾年才做得到。」從「在水上飛翔」的天命，就可看出他的訓練、努力、精通的程度。

這麼想來，他的整個事業就合情合理了。某一次，他不得不關閉法國的幾家製造廠。如果必須關閉工廠並裁員，在全世界所有地方當中，法國的難度堪稱數一數二。法國的法律制度使得裁員成了極其困難的任務。公司在法國開的工廠太多家了，克勞迪奧被選中負責領導轉型工作。他決定提早把計畫告知工會，比法律規定的時間還要早了許多。他告訴大家，為了鞏固企業，必須關閉部分工廠，而該次的告知十分棘手，大家直接提出意見，情緒激動。

克勞迪奧成了當時公司裡最惹人厭的傢伙。打造新的結構花了一年多，每天都需要紀律與耐心。一度曾有幾起暴動，把管理團隊困在總部一整夜。克勞迪奧慢慢說服工會同意計畫，工會甚至還協助計畫的執行。結果就是好幾年都獲得業務成長，遠超乎市場表現。他離開的時候，工會的領導者發表演講，說克勞迪奧的出現原本是最壞的事，後來卻變成了最好的事！在那段時間，游泳成了克勞迪奧的老師，「在水上飛翔」是他的核心本質。

長久又強烈的熱忱是第三種方法，許多人藉此連結到了那個始終等著人擁有的天命。對某些人而言，這些經驗是一種隱喻，用以指稱我們帶給這世界的獨特天賦。無論我們領會天命之方法是經由熱忱、經由童年回憶，還是經由回想過往的試煉，難就難在於落實天命並實踐天命型領導。

思考要點

我們在人生中全都懷有熱忱，追尋熱忱就能把每個人內心的好奇寶寶給引出來。你回首人生旅程時，請想想一直以來陪在你身旁的那些事物。天命永遠不會跑走，熱忱也會陪伴我們一輩子。從事這類活動可能無法換來金錢收益，你只是真的很愛這類活動罷了。你的熱忱不一定是你最擅長的事，不一定是你收了錢要做的事。

1. 你的熱忱是什麼呢？（料理、拉小提琴、唱歌、跳舞、會話、駕駛帆船等）
2. 描述你充分體驗到內心熱忱的時刻，請舉一個具體的例子。
3. 請舉另外兩個充分體驗到內心熱忱的時刻。
4. 在這些時刻，你有何感受？
5. 在這些時刻，你是誰呢？

Part 2

自己的天命自己找，有脈絡可循

第 6 章

如何發掘你的天命？

此路

有條脈絡是你跟隨著的，脈絡進入
變遷的事物當中，卻絲毫不起變化。
人人想得知你追尋的是何物，
你不得不解釋起那條脈絡，
別人卻是難以看到。
抓好脈絡就不會迷路。
悲劇會發生，人們會受傷
會死去，而你會痛苦會衰老。
你做什麼也阻擋不了時間演變。
握好的脈絡千萬別放掉。[1]

——威廉．史代弗（William Stafford），〈此路〉（*The Way It Is*），
一九九三年

我不會建議你耐心等到本書最後一頁，此時此處，在旅程走到一半之時，我想幫助你開始領會你的天命。本書後半部分講的是天命對許多領導者及其人生帶來的影響，如果你知道

了自己的天命，再閱讀他們的故事，會更有意義。

史代弗的詩句描繪天命真正的恩賜所在。天命是唯一不會改變的事物，它等著引領我們經歷人生中的諸多冒險。**自己的天命必須自己去找，找到了天命，就不會迷失了**。在最後幾行的動人詩句，史代弗提醒了我們，其他事物都會被奪去，萬萬不可放掉手裡的脈絡，那是我們真實樣貌的核心本質。

去找你的脈絡吧！

使命宣言，打開天命大門的鑰匙

要人打造出「完美的」使命宣言，人們多半會當場呆住。許多人會回到舒適圈，沿用使命宣言和浮誇的說法。我們很容易就會落入賣弄文字的心態，為了走出這種心態，先看看一個很有創意的例子，從那裡開始吧。

莉奇雅的使命宣言

輸入＝∫數據＊人員@我。

我很少會被誰的使命宣言嚇到，但這還是我第一次看到有人用數學公式表達天命。不過，為什麼要限制自己只用文字呢？用數學公式很合情合理，畢竟莉奇雅是書呆數學家，在阿姆斯特丹的某家銀行工作。

為什麼這是莉奇雅的天命？

我負責整合數據與人員，以期產生影響。就職場而言，這就表示我所屬的團隊和我負責分析數據，找出有沒有機會可節省成本。然後，我們跟企業合作，讓節省成本一事得以實現，並且改善公司的成本收入比率。

就私人生活而言，這就表示我會發起書呆讀書會、跟另一半看記錄片等事情。我喜愛數據，喜愛跟人合作，喜愛看到數據與人員結合後出現的情況。書呆之力。

莉奇雅打造使命宣言時，你看得到也感覺得到一切突然匯聚起來，在她眼裡有了意義。她有信心寫出公式，把數學熱忱當成了打開天命大門的鑰匙。

我有時會覺得**每個人的天命有如灰姑娘的玻璃鞋，尺寸不是標準的六號，玻璃鞋適合某個人穿，也只有那個人能穿**。然而，很多人卻像是灰姑娘的繼姊，雙腳硬塞到別人的玻璃鞋裡，不然就是拿了「現成的」玻璃鞋穿。我們天生具備「取樣測試」的能力，可判斷某件事的真誠與否。然而，這些年來，我很吃驚，我們竟然全都先抓住一套陳腔濫調又不真誠的句子不放。以下列舉一些不佳的例子：

- 幫助團隊成功，這樣我也能成功。
- 協同合作，發揮最大潛能。
- 把事情做到世界級，這樣我們全都能成功。
- 你培力，我培力，我們發揮多元性。
- 持續不斷培養並促進我和他人的成長發展，達到卓越績效。

前述句子都用了有道理的詞語，還很常見。我必須承認，早期我還幫助人們造出這類枯燥乏味的使命宣言。這類使命宣言用了一堆看似有道理、實則毫無意義的人資用語，隨便都想得出來。用語本身並不是問題，可是去問對方，為什麼會挑選那些用語，一切就瓦解了。他們站在大家面前說出那些話，效果平淡無奇，好老套。你可以從領導力行話清單當中隨便挑一個，讓某件事變得同樣陳腔濫調。我花了幾年時間才懂得怎麼幫領導者擬定使命宣言，讓領導者在傳達使命宣言時，能進入那個只屬於他們的獨特天命室。

我想到了艾倫，他是資深的領導者，一開始是提出以下使命宣言：

「把事情做到世界級，這樣我們全都能成功。」

艾倫對於自己的天命提出以下的解釋：「人永遠都要是世界級，不然有什麼意義呢？我領導的理由就是為了成功。」聽他說話就像是坐在典型的領導力訓練課堂裡，聽著那些詞語在我面前播放。**領導**／**成功**是很好，卻缺少真誠感。更糟的是，他說那句話的模樣就好像那是個問題，好像在問我那句話聽來夠不夠好。隔天，我們從穩固的根基開始著手，後來艾倫提出新的使命宣言：

艾倫的使命宣言

開路人，帶領大家前往沒路的地方，再帶領大家平安回來。

為什麼這是艾倫的天命？

我這輩子所居處的那些地方，人人都感到茫然失措，連我也是，無論是去旅行還是執行科技專案，都是如此。有那麼一刻，沒有路了，我要帶領大家跨出下一步。我們每跨一步就學到從前不知道的某件事，不久我們就明白有路可走。

前一天，艾倫和我或許想了二十句宣言吧，最後才想到開路人的隱喻。我們一想到這個隱喻，就立刻意會到我們找到他的天命了，而且是沒路的情況下，設法領會出他的天命！當他把這件事告訴團隊，他們全都笑著說：「對，你就是那樣。」

要窺見自己真正的天賦，就需要從詞語當中探究。如果用最新流行的行話替天命下定義，那麼我最大的恐懼就會成真，天命會像許多一時流行的領導力那樣重蹈覆轍，人人「都有一個」，下場就跟其他被丟掉的玩具一樣，淪落到垃圾堆裡。

以下再舉幾個例子：

麥克斯的使命宣言

我是詩人，用字詞建造，連接和。

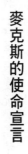

為什麼這是麥克斯的天命？

我小時候很愛玩樂高積木，建造、拆解、重建，玩到我覺得蓋完了為止。成品有時是某個具體的東西，有時是在發揮想像力。

玩樂高積木逐漸轉變成寫作的熱忱，我玩字詞，書寫、刪除、重寫，玩到我覺得詩作完成了為止。詩作有時蘊含明確的訊息，有時是在發揮想像力。

在塑造天命期間，我發現自己處理寫作熱忱的方式就跟處理工作一樣，都是在設法提供高品質，運用想像力（所以在此運用了圖案），設法確立想法並結合想法，把人們想不到的關係給連結起來。這麼做了以後，我讓自己跟他們有了關連，還能帶來改變，好比是樂高詩人，用字詞建造橋梁，連接腦和心。

沒錯，使命宣言不是只能使用字詞，請留意圖案的力量有多大吧。附註一點，我很訝異，很多人小時候玩樂高積木都獲得奇妙的體驗，最後還成了使命宣言的一部分。

對某些人而言，電影可讓人領會天命。絕地武士、星艦艦長、屠龍勇士等象徵突然從童年美好時光或熱忱故事裡跳了出來，舉例來說，任職於某家《財富》五百大機構的麥可，就在棒球電影裡找到了天命。

麥可的使命宣言

玩魔球。

為什麼這是麥可的天命？

讓處於劣勢的團隊、機構、品牌發揮潛能。帶領（別人眼中的）劣勢團隊或成功機率低的團隊，還要運用分析學，蒐集洞見，制定策略，實現目標。同時保持務實，戰略要彈性，但大方向不可彈性。精通邏輯、概念、方向，但在執行上、活動上，要請人幫忙。不要（始終）陪著團隊並交流感情，但要始終在幕後規劃並支持。盡量接觸他人低估或未探查過的優秀人員、資產、市場。在邁向大目標的過程，要懂得享受（玩樂），但要有所節制，事先規劃後續步驟，以利達成遠大目標。視需要溝通，投入並達成小目標，但不要喜歡待在鎂光燈下。

我跟麥可合作時，反覆出現的脈絡就是「處於劣勢」。他長大後會故意換團隊，換到每個人都覺得最糟的團隊，他喜歡那種顛覆現狀帶來的感覺。麥可・路易斯撰寫的《魔球：逆境中制勝的智慧》及改編的電影以精采手法描述某種觀看世界的角度，而麥可覺得那正好表達出他的天賦。路易斯筆下的奧克蘭運動家經理比利・比恩跟麥可一模一樣嗎？不一樣，但那不是重點。詞語是一把鑰匙，不是天命室。每當麥可說出使命宣言，就會露出最燦爛的笑容，再實踐天命領導法。

有些人會把使命宣言藏在盒子裡妥善保管，大型跨國銀行財資主管赫特的使命宣言就非常獨一無二。

赫特的使命宣言

不斷挖掘勳章。

為什麼這是赫特的天命？

對我而言，歷史、公司歷史、公司回憶非常重要。有沒有犯錯無關緊要，但要從錯誤中學習，不要再犯。小時候尋找一戰勳章，因此對一戰歷史與歷史教訓有了熱忱，那是終生訓練旅程的開端，要了解自己，教導他人。

赫特把自己的天命告訴妻子，她對他問了一個大家都想問的問題：「那個動章他還保存著嗎？」他回家後就把保管在盒子裡的動章拿給她看。尋找動章的小孩如今成為尋找資金的主管，負責協助成功的銀行順利營運。

在此要說清楚，引領著你的那個天命不一定要激動人心或「上場」才有效。我認識一位天命遠大的領導者，他叫大衛．霍普利（David Hopley），大半輩子都是軍人，最後以英國特種部隊副指揮官的職位退役。

大衛的使命宣言

成為岩石上的信標台，壯大自我，展現真正的自己。

為什麼這是大衛的天命？

- 信標台：我經歷過許多「黑暗之處」，在職場生活上、在私人生活上都是如此，比如說：在我的指揮下失去弟兄，第一任妻子突然去世，有個兒子差點死掉，另一個兒子在性別認同上很辛苦。我總是能找到路回來，幫助他人，好讓個人和單位／機構都找到他們的路。

- **岩石**：妻子克莉絲汀和兒子都是用岩石來描述我這個人。我服務過的將軍至少有三位都用「岩石」來描述我，很有意思。他們說，我執行職務的方式，我在軍方眼中的意義，就好比是岩石。
- **壯大**：我在學校遭到肢體霸凌，有一部分是因為我有讀寫障礙，體重過重，而早年也常遭受言語霸凌。我決定從軍，這是矯正問題的第一步。我不是加入普通的軍隊，我加入的是體能負擔最重的機構——英國皇家海軍陸戰隊的突擊隊。我修習突擊隊課程兩次，第一次是以新兵身分修課，兩年後是以軍官身分修課。四年後，我獲選加入特種小艇部隊（在英國相當於美國海軍的海豹部隊）。**壯大**就是讓他人有力量有勇氣成為真正的自己，不是為了讓別人留下深刻印象，也不是為了讓自己不受霸凌。

跟別人相比，大衛的使命宣言有一些很人資的用語。沒錯，可是當你去探究這些用語何以重要，就會發現那些用語呈現出強大又豐富的人生經驗。每當我聽到大衛說明原因，就覺得他讓我進入了聖地——他的天命。

舉出前述例子是為了幫你拓展選擇範圍，以利清楚表達你的使命宣言。前文提過的使命宣言都有一套共通的特性，都具備以下作用：

1. 呈現出你帶給這世界的獨特天賦
2. 來自你自己的人生經驗（童年的美好時光、試煉、熱忱）
3. 運用的詞語／符號對你都有深刻的意義
4. 使用最低限度的字數／符號數量
5. 每當你複述宣言，就能進入你獨有的天命室

現在輪到你了。

練習五步驟，讓你確立天命

後文列出五步驟的過程，有利領會使命宣言。做這類型的沉思練習，人人各有偏好的一

套做法。我覺得手寫在記事本上面很有用；至於其他人，有鍵盤可輸入的東西就是可找到更深刻思想的地方。只要是你喜歡的方法就好。更重要的是給自己時間好好思考，坐在飛機裡是我最愛的其中一個「思考」地點。

我敢保證，在這項練習上面花的心力越多，天命越是會回應你。如果各章結尾的問題你都回答了，很好，你已經有了很好的開始。如果還沒回答問題，請開始進行吧。

第一步：童年的美好時光

有些人很容易就能重新進入童年美好時光，但我個人花了好多年才領會到美好時光。你能進入的話，請繼續進行。不能進入的話，請移至第二步。第三章結尾的問題你可能已經思考過了，但也請花一些時間，更詳細寫出那些時刻發生的事情。

1. 你小時候有什麼活動或時刻是最開心最滿意的？（可以是一個特定的時刻，一個特定的活動，或好幾個經驗。）
2. 詳細寫下那一刻的情況。請寫得好像你現在就回到過去親身體驗一樣。建議寫出以下內容：
   a. 在場的還有誰（如果有別人的話）

b. 發生在當年的什麼時候，當天的什麼時候
c. 該次經驗有什麼聲音、氣味、滋味
d. 你有何感受

請你盡量百分之百回到那一刻，充分體驗那一刻，寫下的細節越多越好。

1. 該故事當中有哪些關鍵要素脫穎而出？趕快寫下來。
2. 該故事引發你內心什麼樣的重要情緒？請寫下來。

第二步：試煉故事

有些人（包括我在內）覺得天命會在最艱難的經驗當中顯現出來。回首人生中的這些經驗，就能揭露我們是以何種獨特方式克服難關。第四章結尾的問題你可能已經思考過了，但也請花一些時間，更詳細寫出那些時刻發生的事情。

1. 說明你最艱難的人生經驗，請舉兩三個例子。可以是最受考驗的私人時刻或工作時刻。以下列舉幾點方針：

- 挑選一些發生在過去但目前並未影響到你的經驗。要有起（情況很好）、轉（困難的事件）、合（情況回歸正常或更好）。

- 故事要一直寫到最後有光明的希望為止。

2. 要撐過這些經驗，關鍵在於你內心裡的什麼？請寫下來。
3. 這些經驗為你這位領導者的真實本貌帶來了什麼恩賜？請闡述。

第三步：人生的熱忱所在

人人都有一套活動可帶來更深刻的喜悅感與滿意感，藉此重新連結到內在有如呼吸般重要的一部分。如上一章所述，每個人處理這類活動的方法各有不同。在他人眼中討人厭的雜務，在我們眼中或許是可帶來生命力和活力的一套活動。上一章的問題你可能已經思考過了，但也請花一些時間，詳細寫下你一直以來的一項或多項熱忱。

1. 回首人生旅程時，請想想一直以來陪在你身旁的那些活動和興趣。天命永遠不會跑走，熱忱也會成為我們的一部分。從事這類活動可能無法換來金錢收益，我們只是真的很愛從事這類活動罷了，而且那也不一定是我們擅長的事。你的熱忱是什麼？
2. 描述你充分體驗到內心熱忱的時刻，請舉一個具體的例子。
3. 請舉另外兩個充分體驗到內心熱忱的時刻。
4. 在這些時刻，你有何感受？
5. 在這些時刻，你是誰呢？

第四步：進入內心的天命室

我答應你，你會進入天命室的。這是什麼意思？我們每個人的內心都有一處地方，在那裡，我們充滿活力，眼睛閃閃發亮，還擁有獨特的天賦，也就是說，我們完全處於當下，天命完全顯現出來。我們也許不太清楚自己是怎麼進入天命室的，可是進去那裡真的很美好。每個人終其一生會踏進天命室多次，徹底實踐天命領導法的人多半是在天命室裡做事情，待在天命室越久，不在那裡時就越容易察覺到。

我們的大目標就是回顧許多的經驗，這樣才看得清當中的模式。

1. 請閱讀你在第一步到第三步的問題所寫的答案，什麼最能讓你露出微笑？
2. 你微笑時會聯想到哪些詞語？請寫下來。

第五步：你的使命宣言──找出天命的脈絡

運用你現在所知，打造使命宣言：

1. 把第四步領略到的關鍵字串連在一起，先看看你的使命宣言吧。

引領著我的天命是：

2. 此時，你可能已經懂了，或者可能已經有四、五個重要的關鍵字，可是實際的句子還不明確。別擔心，現在進行下一步吧。

說明各個關鍵字為什麼重要：

3. 看看你剛才寫的內容，留意腦海裡有沒有浮現一段話能更明確界定你的天命。如果有的話，請寫下來。

引領著我的天命是：

如果你發現這些話能讓你露出微笑，恭喜你。如果你還在努力摸清頭緒，就再給自己一些時間吧。假如你想要讓周遭的人們幫你找出那個引領著你的天命，還有一項很有成效的步驟可以選用。

選用步驟：訪談周遭的人們

無論你是否還在努力找出使命宣言，這項練習都有所助益。跟你關係最親近的人往往能深刻洞察你帶給這世界的獨特天賦。這項步驟看似簡單，具備的力量卻能造成最大的影響。跟你一起合作的人——家人、良師、那些參與先前的冒險旅程且重視真正的你的人們——都能談談你具備的天賦。請對配偶、朋友、目前的共事者提出下列問題：

1.「假如我明天消失不見了，取而代之的是才能跟我一樣的人，那麼你最想念的是我的哪個部分？

2. 就我們一起做過的事而言，你認為我的獨特貢獻是什麼？」

請對過去的共事者或好一陣子沒見的朋友提出下列問題：

1.「就我們一起踏上的冒險旅程而言，你最想念的是我帶來的什麼？

2. 就我們一起做過的事而言，你認為我的獨特貢獻是什麼？」

寫下一些共通的主題。把這些主題跟你在第五步寫下的詞語做一比較。調整使命宣言，記住，最重要的就是要置身於天命室。你可以繼續整理宣言，整理到你覺得對了為止。這十年來，我使用的宣言就改了三次。同一個房間，鑰匙不同罷了！視需要進行改善。現在把你的使命宣言擱在一旁，來閱讀別人的天命旅程吧。

Part 3

天命的影響，由內而外

第 7 章

為你帶來
明確、專注、行動的信心

> 假如你不知道是什麼天命引領著你，那麼你認為什麼事就不會發生？或者說，你就不會有什麼經驗？

起初，我們著眼於了解天命，如今著眼於理解使命感帶來的影響，而我為本書進行了七十五個以上的訪談，從中獲得一大頓悟。我最初開始提出本頁最開始的問題，算是追加做的事情，之所以提問，是為了滿足好奇心。然而，對方總是一聽到問題就停下思考，而答案呈現出天命帶來的長期影響。假如天命沒有顯現的話，會錯失什麼呢？此時肯定會出現**明確**、**專注**、**信心**三大關鍵詞，而在決策或行動帶來的後果尚不可知的時候，格外如此。

原來無論發生什麼事件或狀況，凡是能找出天命並實踐天命型領導的人，在專注的明確度與行動的信心度一律大幅增加。

再想想賈姬吧，試煉那一章提過她的故事。她對該問題的回應如下：

賈姬的使命宣言

不屈不撓，散發光彩。

我們原本只會獲得一部分的商業成果，我原本不會運用必要的明確度與專注力，而那樣原本會影響到財務成果。我在關鍵資源方面做了一些明確的決定，決心確保為期三十天、六十天的執行計畫真的能正確落實。我對真正的自己很沒信心。

我們居處的這個世界，其特性就是缺乏明確、專注、信心，連一件平常事都有可能變得萬分艱鉅。有一次，我那個當時十五歲的女兒芮妮請我順便買一盒 Cheez-It 起士餅乾。我很開心，做這件事，女兒應該就不會用一種「爸，在你旁邊真的很丟臉」的眼光看我了吧。我以為會很簡單。

我在陳列餅乾的走道上，停了下來，出現了一個意想不到的問題，有十二種口味的 Cheez-It 餅乾回瞪著我。買 Cheez-It 餅乾這樣簡單的動作竟然變成了要在各種口味當中擇一購買，明確度與專注力頓時蒸發不見，原有的信心也逃出窗外。大約五分鐘過後，終於在最下面的貨架找到一盒基本口味的 Cheez-It 餅乾！（請注意，現在有三十二種口味，假如我當初是面對三十二種口味，可能永遠沒辦法從店家離開，回不了家。）

我的 Cheez-It 經驗是個很幽默或許還很蠢的例子，卻表現出這世界會把許多選擇拋給我們，可能是通常無關緊要的日常選擇，可能是要選擇的職業、要接受的工作、要落實的行動。選餅乾是小事，但其他選擇多半會在一段時日後造成莫大影響。天命帶我們邁向明確、專注、信心，從而引領著我們，幫助我們做出決定，而我們對於需要行經的領域一無所知時，尤其是如此。

目光明確、能夠專注、體驗到行動的信心，到底是什麼意思？這些詞語真正的含意是什麼？先從明確開始講起吧。

明確——看見心目中真正重要的事物

clarity /ˈklerədē/

名 明確

《牛津英語字典》：確定或確切的特性：他需要的是明確的天命。[1]

《牛津英語字典》的例句把明確和天命給連結起來，看得我露出微笑。我以前就見過這種現象以許多形式展現：

米蓋爾的使命宣言

成為說故事的隊長，照亮大家。

假如我當初不知道自己的天命，肯定不會擔任目前的職務。我在了解天命以前，日子過得渾渾噩噩，人生隨波逐流，毫無計畫。

我開始實踐天命領導法以後，就像是揭開了面紗。那是超現實的體驗，有了天命以後，我的真實本貌的許多層面都隨之明確起來。一旦看見了拼圖，圖像就合理了起來。對於接下來想做的事情，看法會變得明確許多。我現在知道自己在這裡是為了什麼。

當天命引領著我們，我們對於自身的真實樣貌和真正重要的事物，就有了更明確的體驗。在不確定結果的情況下，我們每個人所做的最大決定或許就是自己要追求的事業、職務、工作。我們採取行動前獲知的資訊，總是遠少於我們察覺的現實狀況。於是，許多領導者都對我說，接受某項職務或工作是他們在人生中犯下的最大錯誤。他們打從心底清楚知道，自己不該留下來，卻往往留得太久，對相關人士毫無益處。有了天命，就得以進入內心最深處，並且發現天命原來很能讓目光明確起來。舉例來說，道夫對此有一番解釋：

道夫的使命宣言

成為園丁，以無窮的好奇力量，培植更美好的世界。

知道了自己的天命，就會清楚知道自己不想要的事物。原本是內心感受到的事情，成為了口中討論著的事情。我不想成為併購主管，我想領導一群面對莫大挑戰還想成長的人員，好處就是我的天命會帶來更大的影響力、幫助更大的社群。

許多高階主管會對你說，他們的事業不過就是一連串的幸運機會，不過就是有人提供了機會，而他們抓住機會，繼續往前邁進。我們當中有多少人的人生是隨波逐流，沒有真正的計畫可言？你之所以從事現在的事業，是因為有人提供你一份工作，你就接受了，接著有人提供下一個機會給你？還是因為你知道什麼事對你最重要，並且努力促使那件事成真？就我們每個人而言，人生的活力——最寶貴的資源——的到期日是不可知的。

第一章提及班傑利公司執行長索爾海，他決定留在當時的職務，不接受升職，正是一項例證。**天命可讓目光明確起來，得以看見心目中真正重要的事物**。就喬斯坦而言，就是在接下來的五年多繼續擔任班傑利公司執行長。

在那一刻，在天命所在之處，我的目光明確起來，我必須發揚班傑利公司的遺緒，不能再事不關己走過。我發起了流程，擬定為期十年的氣候變遷與社會正義策略，光是定義就花了十八個月的時間，我們稱為「氣候正義」。班傑利公司與董事會積極參與，連員工也投入其中。

明確向來是供應短缺。我們全都希望自己和共事者都擁有明確的目光，卻很容易就失去明確的目光。這些年來，我參與過許多非正式的討論，討論的內容是資深管理階層缺少的特質，大量的明確度與專注力總是列在清單上。幾乎每一位參與討論的人都在抱怨，非常不明確又缺乏專注力的「領導」會導致優柔寡斷，「像平常那樣流於政治手段」。

專注——認清周遭世界的深層真貌

要是加上「專注」，會發生什麼情況呢？

focus /ˈfōkəs/

動 專注

《牛津英語字典》：適應光線量，有能力看清。[2]

請注意，這個解釋把周遭的世界納入考量。我們並不是不受周遭環境影響，也不是神奇地獲得保護，不受周遭環境侵害。隨著VUCA世界加快速度，五年前尚不存在的新玩家改變了產業的型態，選舉把過去想像不到的人們提拔到更高的地位，氣候變遷迫使我們重新思考自己的日常生活，我們深受世界的影響。

天命無法讓你不受當今局勢影響，卻能幫助你「適應光線量」（亦即認清周遭世界的深層真貌），看清了別人看不清的。天命帶來的一大恩賜，也是使命感最能提供的，就是能看清陰天哪個時候的光線量最佳。還記得德克是怎麼說明專注的力量吧，當時他說到了自己在黑暗森林裡尋找哨音的故事：

德克的使命宣言

奔向未知，找出哨音位置！

有了天命，就不會那麼魯莽了，因為你知道自己不管怎樣都會到達那裡。不要慌忙行事。在黑暗裡待得越久，成功的機率就越大。有耐心才會成功。花時間留在「未知」狀態一會兒，就會獲得更大的回報。

信心——相信自己以正確、合適、有效的方法行事

Confidence（信心）源於拉丁字，意思是「完全信任」，該字呈現出領導者跟我說過的話，也就是天命對他們造成的影響。他們開口時，是處於一個終於對自己完全信任的境界，而那境界是以前沒那麼容易進入的。我們全都能回想起自己覺得有信心的那些時刻，希望自

己有信心、實際上卻沒信心的那些時刻。也許，在人前能裝作有信心，但心裡總是知道的。

confidence /ˈkänfədəns/

名 信心

《韋伯字典》：相信自己會以正確的、合適的或有效的方法行事。[3]

信心跟確信不一樣。其實，在結果未知的情況下，最是需要信心。有了信心，並不會有力量可以變得無所不知又永無過失。

在績效考核方面，還有另一種普遍濫用信心一詞的情況，比如說：「傑夫需要展現更大的信心，例如：更嚴格要求直屬部下，在資深團隊會議要更坦率直言。」這樣真的是優秀的領導者嗎？**擁有信心不能跟特定的領導風格劃上等號**。人們說自己希望某個人更有信心，往往是在說自己希望對方表現得更外向，更懂得指導他人。那可能是對方應該要有的行為，但是這裡的問題在於風格，不在於信心。沒有一種風格是完美得一體適用，此外，就像我們會看到的，**天命會帶來餘裕和信心**，**進而懂得運用多種領導風格**。

重點在於每個人都必須相信自己做的事、自己領導的出發點就是正確的、合適的或有效的途徑。領導者所做的多半就是幫助周遭的人們擁有行動所需的信念。

有時光是相信自己能以有效方法應對未知的挑戰，就等於是成功了一半。我們對自己訴說的故事就跟周遭的事件一樣重要。克莉絲汀・哈比曾經說過風箏與火箭的美好時光故事，而她的故事正是明證。

克莉絲汀的使命宣言

把放風箏的人變成造火箭的人。

實踐天命領導法能幫我獲得信心，跨出舒適圈。這始於一個「真誠的」信念，也就是相信一切都會好轉。我獲得信心，就能幫助別人克服他們內心的惡魔，引出他們的天命。那樣會帶來社群感和明確感。我不是超人，我們全都不完整，不相上下。有一點很好玩，我的信心對那些只想放風箏的人帶來了很有意思的影響，他們發現我竟然要發射火箭！

天命帶來的最常見的恩賜，就是大量明確的專注力與信心度，這兩種特質是我們最想要的，而在我們領導他人時或他人領導我們時尤其是如此。跟自身的天命有所連結的人會大量體驗到前述特質，可說是絕非巧合。多年來，我把天命說成是獨特的眼鏡，讓我們得以看見別人看不見的。我根據事實推斷並找出當中的一致性，才獲得了這樣的頓悟時刻：戴上眼鏡，目光就會專注又明確，從而有信心採取一些符合天命的行動。

使命感，由內到外帶來各種影響

在本書的其餘部分，我們會踏上偉大的旅程，詳盡探討使命感帶來的影響。明確、專注、信心貫穿本書，每一章都可標為「明確的專注力與行動的信心」，但我要跟讀者分享的內容還有許多。各層面都值得發聲，以下是即將揭露的內容。

成長心態讓工作、生活各方面都成長

落實天命並實踐天命領導法，就有可能進行組織上的轉型，帶來不可思議的業務成長。關鍵在於所謂的「成長心態」，也就是相信我們的智慧與能力不會停滯，畢竟有「堅定不移的心態」在旁，而智慧與能力會隨著我們的努力而持續適應發展。領會到天命就能領會到成

長心態，你跟天命之間的連結隨之深刻起來。把成長心態應用在工作上，就會獲得所有企業都冀望的業務成長。

真誠的關鍵：認知自身的不完美

天命帶來其中一項恩賜，就是得以把我們過去的事件連結到我們今日呈現的真實樣貌，連結到我們即將形成的真實樣貌。經由天命，我們得以隨著時間的推移，認清自己的人生旅程，還能有信心展現出真誠的自我。天命不只是真誠領導力具備的另一項要素而已，更是通往真誠領導力的途徑。

自我認同不再受外在擺布

天命不會緊抓著某個職業、專業或職務不放，天命是一種不變的常數。只要努力落實天命，就會發現職務再也框限不了自己。從天命的角度看去，自我認同成為中心所在。

充滿投入感、滿足感和活力

擁有活力，就什麼事都能處理；筋疲力盡，領導就變得困難，真誠的領導也就越是困難。了解天命是怎麼成為活力的泉源。

壓力不會消失，但會變有益

天命改變了我們跟壓力的關係，能幫助我們把「威脅應變」轉變成「挑戰應變」。這樣的轉變讓我們得以應對困境，提升自信，進入天命室。

放棄易行的歧途，選擇難走的正道

天命向我們指出了內心深處的真貌。真正的領導就是前往他人沒去過的地方。只要知道天命，就能更看清現實中的選擇，從而有勇氣放棄易行的歧途，選擇難走的正道。

不一定快樂，但會活出意義來

為了獲得快樂而追尋快樂，就是現在要感到開心。實踐天命就得以整合過去、現在、未來，看清自己踏上的道路背後更深層的意義。

拯救世界，拯救自己

在我們幫助的或服務的對象身上，會看見自己的天命有所共鳴。然而，唯有把天命應用在自己身上，才會終於獲得回家般的歸屬感，才能以最動人的和諧度實踐天命領導法。不先照顧好自己，就拯救不了世界。只要你願意，天命會幫你做到。

個人天命與機構使命如何達到一致？

當領導者的天命跟所屬機構的使命一致，那麼不可思議的情況就會發生。考驗著這一致性的困境，令人難受；不和諧帶來的負面影響，令人慚愧。後文會探討天命奏效所需的四大關鍵要素。

想轉型與精通，就待在天命室

你置身於天命室嗎？還是說，你是那種「冷血又膽小的靈魂，既不懂勝利也不懂失敗」？這個強大的問題勾勒出天命的現實情況。很多人都會給予肯定的回答，說自己想要實踐天命領導法。然而，你在本書讀過了一些人的故事，在那些人——包括我在內——的心目中，天命其實總是在那裡等待著自己，難就難在於全心的傾聽。在這一章，我們揭開了真正精通的訣竅。

現在就開始吧，邁向你能仰賴的成長。

第 8 章

成長心態讓工作、生活各方面都成長

> 有別家公司打電話給我，請我當執行長。我知道他們可以大幅成長，但他們實際上卻沒有準備好要做，我發現這點就婉拒了。我不會做那份工作……那不符合我的天命。
>
> ——帕布羅

> 大家都認為我瘋了，怎麼可能從一位數的成長增加到兩位數？可是我們做到了。關鍵在於打造出適度誇張的抱負，不至於瘋狂到大家都覺得不會成功，卻足以激勵大家，對於不得不做的事情有了不同的想法。
>
> ——珍

我蒐集了許多驚人業務成長的故事，故事的共通點就在於領導者都是天命明確。這種事情確實會發生，發生頻率也出乎意料地頻繁，但真正的成長不該用數據衡量。你能仰賴的真正成長，是發生在內在的。然而，**正面的結果往往會以天命的副作用展現出來**。先從以下現象的幾個例子開始講起吧：為求業務成長而採取的方法，多半是別人覺得不可能做到的。這些人發揮獨特的天賦，帶來了改變。接著，我們再探討你能仰賴且至關重要的真正成長。

改善生活與盈虧

伊赫桑的使命宣言
改善平民生活。

伊赫桑・馬利克（Ehsan Malik）的使命宣言是：「**改善平民生活。**」看起來簡單，卻為巴基斯坦的許多人帶來重大的影響。二〇〇六年，他成為聯合利華巴基斯坦股份有限公司的執行長。那時期恰逢塔利班在該區叛亂，是戰事極其艱困的時期。二〇〇六年至二〇一六年，伊赫桑促成業務成長四〇〇%，利潤增加五〇〇%。

伊赫桑接下執行長一職，是站在自身天命之角度去看待情勢。平民很少能接觸到聯合利華販售的產品。二〇〇六年的巴基斯坦，十位兒童有一位會在五歲前死亡。在最基本的水準上，提供肥皂給兒童，兒童可每天洗手，死於常見疾病的機率也從而降低，帶來直接的影響。收入高的人多半把洗髮精視為理所當然，但在巴基斯坦的鄉下地方，一般人都是用普通的肥皂洗頭髮，你找一天用肥皂代替洗髮精，就知道頭髮會變得怎樣了。二〇〇六年的巴基斯坦，聯合利華所有的產品都是擺在大城市的店家販售。

伊赫桑想的不是業務成長，他想的是要怎麼觸及鄉下地方的人，幫助他們過更好的生活。今日，聯合利華的永續生活計畫在全球各地落實了前述目標；不過，當時該計畫要再三年才會推出，伊赫桑可不想等那麼久。

伊赫桑帶領企業轉型，鋪貨的店鋪從十萬家左右增加到三十萬家以上，大部分的增長都是發生在沒賣過肥皂或洗髮精的地區。他打造一系列的宣傳活動，讓巴基斯坦偏遠地區的民眾了解洗髮精的好處，不要再用粗劣的肥皂洗頭髮。大家都很高興，頭髮變得柔軟許多。常用肥皂有益健康，是讓兒童保持健康衛生的基本方法，他的團隊打算傳達這個概念，他也強力支持。他投注心力，讓做母親的都懂得常用肥皂有益健康。Lifebuoy 肥皂推出一年後，有些村落的當地醫生氣得跳腳，病患變少了，因為小孩沒生病！對伊赫桑而言，這就是天命在對自己發聲。「平民」是不生病的孩子，是頭髮變得柔軟的女人，是得意經營一家賣消費產品的店鋪還能成功養家的男人。

經過美好的一年，團隊想在公司外部培養團隊精神，慶祝一番。他們想去豪華度假勝地做為回報，極力設法推動此事。伊赫桑笑了出來，跟他們說，去巴基斯坦的鄉下地方，跟貧窮的消費者一起住個一週吧。去拜訪真實的人們，住在他們的家裡，看看他們醒來後做些什麼，他們刷不刷牙？他們從擠完牛奶以後，怎麼保存牛奶？他們的日常生活做了些什麼？我們可以怎麼幫助他們？這些就是他的行動呼籲。如果你一再請團隊跟貧困家庭同住一陣子，以十年為期，累積了一千個小片刻，就會對業務帶來莫大的影響。此外還有個結果，這家位於巴基斯坦的大型跨國公司，擔任資深領導職務的多半是女性（前任執行長和繼任執行長都是女性，管理委員會大部分的成員也是女性）。這種天命導向的做法確實改善平民生活，從而促成聯合利華巴基斯坦公司培訓村子裡成千上萬的女性創業者在住家舉辦沙龍推銷產品。這些女性還反過來把收入的一大部分用於自己和手足的教育上，還用來照顧年邁的父母，改善家庭生活。這個絕佳的例子呈現出天命導向的行動對社群帶來許多正面影響。

伊赫桑十分清楚，自己要是沒有天命，就會成為迷失的靈魂。原本可以不用著眼於幫助平民就能很容易做好工作，原本可以跟競爭對手在大城市針鋒相對，達到合理的一〇％成長率，最後卻下場悽慘。他尋求的成長不只是別人追求的數據，他尋求的成長是巴基斯坦這個國家和人民都能獲得成長，於是他因此達到四〇〇％的成長。

不屈不撓又散發光彩的成長

在第四章，賈姬證明了試煉故事有利我們領會天命。如果把賈姬的天命——「不屈不撓，散發光彩」——應用在收益與業務績效的衡量標準上，那麼會獲得什麼結果呢？為了找出答案，我回頭找賈姬，拿這個問題問她。我之所以想得知她的答案，是因為她在第四章分享的故事，講的是在毫無明確優勢的混亂情勢下成長茁壯。

賈姬的使命宣言

不屈不撓，散發光彩。

二〇一二年，賈姬決定迎向考驗，接下大型居家修繕零售商的紐西蘭總經理一職。她打電話給朋友，告知這個好消息，她朋友笑說：「你懂什麼木料啊？」在那個時候，確實什麼也不懂。

公司在二〇〇二年收購紐西蘭排名第三的居家修繕零售商，但起初的熱忱隨即面臨現實的打擊。在澳洲，她那家公司是居家修繕的同義詞，但連鎖店在紐西蘭沒有那樣的形象。競爭狀況激烈又快速，多年都是如此。前任總經理羅德辛苦工作十年，才讓銷售額成長到五千萬紐幣左右。那是一場艱辛的戰役，卻未達到期望的成果。另一方面，澳洲的業務量龐大又誘人，可說是零售業的新寵，每兩週就有新店開設。賈姬在此時接下總經理一職，而員工都認為前任總經理羅德是終生的居家修繕大師。羅德回到澳洲，獲得應得的重大晉升。

賈姬永遠不會成為羅德，也不懂得精準操作電動工具。新老闆之所以雇用她，是因為他希望進行階段性的企業變革，直覺認為公司需要她這樣的人才。問題在於，她到底是不是公司需要的人才？

來看看她的天命吧。「不屈不撓，散發光彩。」「不屈不撓」四字是怎麼顯現出她對自身職務的要求？賈姬採用的方法不是制定大規模的收購策略，也不是把大量資金投資在新門市上，反而是專注在細節上。她花了好幾個月的時間，親自前往門市，跟每個人——團隊、店員、客戶——都談過了。她戴上綠色圍裙，跟門市團隊一起工作。客戶不高興的話，門市會怎麼做？品項缺貨的話，門市會怎麼處理？她開始看清哪些部門、門市、團體配合得很好，哪些必須再努力。她開始看清哪些人有沒有能力再做得更好。

在部分的會議中，她看清了哪些人完全沒留意到眼前的重大問題和必須進行的改變。他們做不到不屈不撓，但賈姬很清楚，要徹底改造根本的零售業務，就必須不屈不撓才行。她意識到一點，她必須讓每個人都以敏捷許多的反應速度處理工作。

她從一開始就立刻投入其中，規劃出哪些部門需要先專注處理。她展開棘手的討論，對於迎接挑戰的部門主管提供協助，做不到的主管就撤換掉。大家對企業的走向開始感受到活力和振奮的精神，對於成績與肩負的期望也很清楚。「合適的領導者加上合適的期望，就能造就合適的結果。」這就是她依循的格言。到了二〇一二年的年尾，同門市銷售額開始呈現四％至六％的成長。

賈姬把注意力放在所有的小事上面，也就是那些能擴散出去又促進成長的正面行動。她留意到一點，門市的外觀和感覺就跟競爭對手一樣，只有建物的顏色不一樣。產品相同，服務相同，一切都一模一樣。她沒有採取大而顯眼的變革，也沒有大力推動一堆門市開設，反而選擇為客戶打造與眾不同的經驗，更明亮、更潔淨、友善許多的經驗。

賈姬改善資深領導團隊的同時，還繼續花時間處理門市狀況。她舉辦烤肉早餐會、老闆入水遊戲（員工很愛這個活動）、跟員工一起工作等，四千多名員工當中至少八五％的人，她都見過了。

既有門市銷售額攀升，過去四年的增長幅度維持在八％。四十七家門市增加到五十四家，銷售收益卻是翻倍到十億紐幣。一切都有賴於各部門各門市不屈不撓工作，他們為客戶創造出的體驗，比市場競爭對手還要更友善、更明亮、更潔淨。

要推動變革，就是要讓大家知道自己所處的位置，保持開放性……透明度，要採用何種方式做出成果。**散發光彩**的重點就在於其所帶來的感受，那正是天命帶給我的感受……在財務上，在互動上，在每一刻，都是如此。我把天命應用在我做的每件事上面，天命把每件事都連結起來了。我現在是以正確的方式更努力推動事情。對我而言，毅力與光彩是同一樣東西。

賈姬有一件每天都要做的事。在一天的結束，她會反省自己在實踐天命上做得多好，要是發現自己在某一刻或某種情況下沒有徹底實踐天命，隔天就會回頭把事情給做對。

如果你是自己經營事業，就會明白一點，幾季或兩年的成長難歸難，卻不是真正重要的事情。獲得短期成長是很好，但最困難也最重要的，就是在一段時間過後還能持續成長。賈姬的天命就是專為持續成長而打造的。說到持續成長，還記得吧，賈姬其中一則試煉故事就是她無家可歸，還帶著新生兒和兩個小孩。她現在是個得意的祖母，有十個孫子女！

賈姬讀了這幾頁的內容，請我把團隊為達成果而做的全部事情都加了進去。沒錯，每個人都貢獻出自己的獨特天賦，打造出很棒的成就故事。然而，問題來了：**「假如沒做到的話，什麼事就不會發生？」**如果你拿這個問題去問賈姬的團隊，他們會對你說，「毅力光彩女士」帶來了某件特別的事情，造就出你能仰賴的真正成長。

打開翻轉人生的成長心態

從這些財務成長的例子中，我們能學到什麼呢？伊赫桑和賈姬都不是一心只想著數據，兩人在各自的領域裡都極具革新和創意。她們面臨外頭的重大挑戰，在服務的機構內部，也要面對大量的懷疑和阻力。

引領著你的天命多半不會把「成長」一詞當成關鍵要素，根據我的經驗，一百個例子當中只有一例吧。然而，我們輔導過的那些人很多都在找到天命後，體驗到驚人的業務成長幅度。我有機會審視成千上萬的高階主管自我評量，這些高階主管在我們的學程中定義他們的天命，然後制定計畫，說明他們要如何實踐領導天命。我最常聽到的話是：「當初把設立的大目標寫下來，態度太過謹慎了。」

要解釋天命及其對成長造成的影響，有一種方法是去閱讀卡蘿．杜維克（Carol Dweck）的作品。杜維克在《心態致勝》這本大作中，對「成長心態」一詞下了定義。根據她的研究，人們看待世界的角度往往分成兩種，一種是成長心態，一種是固定心態。成長心態者認為只要自己努力，智慧與能力就會隨之發展；固定心態者認為自己的智慧和能力程度固定不變。有些人認為自己就是這樣，接不接受隨便你，我們全都碰過這種人吧。你看到的是怎樣就是怎樣。有一點令人意想不到，父母讚美孩子，跟孩子說他們有天分，這樣就是在加強固定心態，而孩子會說：「我擅長a、b或c。」父母認可孩子為獲得想要的成果而辛苦努力，這樣就是在加強成長心態，而孩子會心想：「如果我真的努力，就能學會x、y或z。」[1]

卡蘿．杜維克的研究結果顯示，如果學生認為自己的智慧固定不變，就會修習那些不會挑戰自身觀點的課程，這樣建構出的人生就會證實自己很聰明，從而影響到各個人生層面，例如：挑選的朋友、從事的活動等。一碰到衝突或壓力就會放棄一段友誼，不會更努力獲得成長。另一方面，抱持成長心態的學生會認為，只要努力就能大幅提升智慧和能力，在這世界也有能力帶來影響。他們比較少花時間說服世人相信他們很聰明，比較常花時間發展他們的聰智。他們認為困境是成長的機會，不是該逃離的狀況。兩者的差異可歸結於此：固定心態者比較不會去冒險，反而會專注成為受歡迎的人，避免遭到排斥。

海蒂．格蘭特．海佛森（Heidi Grant-Halvorson）在《成功》（*Succeed*）一書中以出色筆法摘述成功學的研究，用以下的例子表達出卡蘿．杜維克的作品內容：「一到情人節，這些孩子就會做情人節禮物給最受歡迎的孩子，希望能獲得對方偏愛。那些更專注避免遭到拒絕的孩子，只會做情人節禮物給懂得回禮的孩子。另一方面，孩子要是認為自己能改善及成長，那麼他們選擇的目標往往跟培養感情關係比較有關。他們會把情人節禮物送給他們想進一步認識的人，開啟友誼的大門。」[2]

雖然這現象或許頗有意思，但是你可能不由得懷疑，這到底跟天命有什麼關係啊。原來。我見識過難相處的資深領導者，他們簡直就是固定心態的標準例子，不過跟天命連結以後，人生就此翻轉。有了天命以後，他們跟工作的關係有了新的定義。有個始終如一的主題貫穿了我們進行的所有訪談，那就是天命需要成長心態。領會到天命就能領會到成長心態，你跟天命之間的關連隨之深刻起來。

- 天命總是讓你清醒過來，面對你必須邁向的下一件事情。
- 你能達到大目標，但天命始終會向你指出下一道門在何處。
- 天命界定出你真實樣貌的核心本質，不是界定出你的結局。
- 天命不是一處該抵達的地方，而是一段該踏上的旅程。
- 偏離道路，沒關係，反正路也不會跑掉。你站起身子，一回到路上，就心有所知。

職場不是發揮天命的唯一舞台

菲利普的使命宣言

成為求知的演員，演出新世界。

現在站在成長心態的角度，看看菲利普的例子吧。他的天命最是能展現出他在人生所有層面都培養出成長心態。

菲利普的使命宣言是：**「成為求知的演員，演出新世界。」**「求知」一詞指的是他那充沛的好奇心，他忍不住提出別人不會提的問題。「演員」一詞指的是採取行動（而非消極以對），並且把藝術元素帶到了他對這世界的影響力。「演出新世界」指的是不光是提出問題，也要在現實世界開創新的事業和舞台，可大可小，重點在於有所貢獻，不在於特定的工作或頭銜。對他而言，「一切照常」就是死氣沉沉。他創造出或辨識出某件事並不平常又可帶來影響，才會感到活力十足。

菲利普的第一份工作是在IBM任職。公司請他做行銷，但他想做業務。上司說不可能，但他很堅持——「演出新世界」可不是不努力就能輕易到手。上面的人終於給他六個沒互動的客戶，那些客戶沒人想處理，沒人能爭取回來，大家都覺得沒用了。天命鏡頭是個有意思的東西，當你是個演出新世界的求知演員，就會從更廣闊的背景脈絡去觀察局勢。菲利普逐一研究這六位客戶以及過去的處理紀錄，結果發現沒人著眼於更大的格局。他跟這些客戶談，提出問題，討論策略議題，而這些客戶未曾碰過ＩＢＭ的業務是這樣做的。經過一段時日，他重新簽下這六位客戶，創造出一千四百萬美元的新銷售額，重新開設配銷通路，當中約有五百家新的零售店再度販售ＩＢＭ消費產品，而他在歐洲分部達到最佳新業務成果，從而贏得獎項。

接著，菲利普去了Motorola工作，他演出的新世界是在法國市場創辦分部。求知的演員再次上場演出。他提出的潛在客戶問題隨即化為一千五百萬美元的額外銷售額，最重要的，他開創全新的配銷通路，範圍涵蓋一千五百個銷售點，因此在該地區的類似新分部當中，他和所屬團隊的績效是最佳的，他們大獲成功，Motorola決定把這項業務重新納入主流編制，還傳達出這樣的訊息：「做得很好，現在當個平凡的傢伙，像別人那樣工作吧。」對於這樣的安排，菲利普覺得很痛苦。在某些方面，這種情況徹底展現出機構裡的固定心態與成長心態之別。菲利普接下這個職務的話，就無法踏上新旅程，無法演出新戲碼。「我覺得自己好像要死了，我拒絕了那份工作。在那一刻，我更意識到自己的天命。」

對有些人而言，清楚自己的天命，成長心態就會隨之更加活躍。在我進行的所有訪談當中，從來沒人說自己是從成長心態轉變成固定心態來傳達天命。

菲利普就是忍不住，只要接下新工作，就會透過提問的鏡頭看待事物，探究工作的內容與原因。別人認為他很有創意，但他覺得自己只不過是提出了別人沒想到要問的問題。「我提出很簡單的問題，我的心態引領著我對該做的工作重新下了定義，還對我從事的行業重新下了定義。」

菲利普決定在手機裡放上紫牛圖像。對菲利普而言，賽斯・高汀的《紫牛》（*Purple Cow*，值得一讀）講述了一件事實，人們從事及創造的事情多半看來有如在原野上一群牛當中再放上一頭牛。假如真的有一頭紫牛，會發生什麼情況呢？然後呢？他帶領的團隊依循的座右銘就是「我們去找那頭紫牛吧！」[3]

「如果我沒有真正成長，就會覺得不快樂，所以我在多個世界裡做事情，職場不是唯一的舞台。」在許多人的眼裡，有時職場沒有給予菲利普想擁有的舞台，天賦無從發揮。我們要在人生所有層面實踐天命領導。

落實天命，改善私人生活

很多人無論知不知道自己的使命宣言，在職場上一直以來且永遠都是依循天命在工作。很多人需要進入成長心態，從而把天命應用在私人生活上。擁有明確的天命，可改善菲利普跟女兒的關係。「我培養落實天命，用在我關心的人們身上……用在我覺得真正重要的世界新舞台上。既然我知道自己的天命，於是這就成了一大差別。我現在一週花三小時的時間，設法為女兒創造一個新世界，一則短篇故事。把我們的獨特天命應用在孩子身上，還有什麼比這更重要呢？」

全方位成長

希望前述故事拓展了你的觀點，從成長與天命之間的關係，看待成長蘊含的意義。沒錯，天命有如強大的催化劑，可提升財務表現。你還記得吧，在第一章，班傑利公司的索爾海實踐天命型領導，把一位數的衰退情勢扭轉成兩位數的成長。本章描述伊赫桑的情況，還有賈姫與菲利普兩人之天命帶來的業務影響。然而，天命比數據還要遠大多了。天命是你在爭取成長數據時展現的真實樣貌。成長心態的好處在於提醒了我們，過著的人生應當要把內心的好奇小孩帶上場比賽。有了一定程度的好奇心與冒險心，就足以改變這趟旅程的經驗，這不只是為了我們自己，也是為了我們領導的人們。

思考要點

1. 關於參與強大業務成果的打造，你有什麼絕佳的經驗可說？
2. 在那次的經驗，你的行事是依循成長心態還是固定心態？
3. 在這一刻，你在職場生活中的何處是依循成長心態行事？
4. 在這一刻，你在職場生活中的何處是依循固定心態行事？
5. 在職場上、在家庭裡都更偏向成長心態，有什麼優勢？

第9章

真誠的關鍵：認知自身的不完美

有了天命，人們在因應領導力挑戰時運用的獨特天賦就此確立。有了天命，別人就能有所依循，帶來正面影響。比起全神貫注於金錢、名聲、權力等的成就，天命重要許多，最終也能帶來金錢、名聲、權力等的長久成就。[1]

——比爾．喬治

過去十年來，我與比爾．喬治攜手合作，得以更深切了解真誠領導者的意義，以及天命本質的判定。根據《韋伯字典》，authentic（真誠）的解釋是「真正的或由衷的；不模仿或不偽造；真實又準確。」[2] authentic 的字源是希臘文的 author（創作）。在 authenticity（真誠）的核心，就是 authorship（創作）所在之處。在不知天命的情況下，你能不能創作出你的領導力和你的人生？我認為不行，而比爾一直挑戰我，這樣在天命對領導力造成的影響上，就能加深雙方共同的了解。

前文列出比爾的金句，摘自他前陣子發表的文章，可說是描繪出我們領會到的情況。金錢、名聲、權力是頗有意思的人生盟友，但直接一味追尋反而往往不會創造出我們希冀的正面影響。天命是穩固的根基，可配合別人的天命，創造出的成果或可帶來名聲財富。

身為領導者的比爾踏上真誠旅程，日後撰寫第一本著作《真誠領導》，針對真誠領導者的含意，提出他的見解。比爾在兩家《財富》五十大企業，是經常公開露面的執行長和董事，他公開自身的弱點，分享自己經歷的磨練、警鐘、人生困境。比爾是首位書寫真誠領導力的非學術人士。學術界在企業外描述企業內的真誠領導力，比爾在企業內落實真誠領導力。下文以他的用語描繪他在旅程上碰到的若干情況：

撞牆

「人生道路走到一半，我在黑暗的森林裡清醒過來，真正的道路已經完全消失。」——但丁在《神曲》裡如此寫道。我在最意想不到的時候，迎來了最痛苦的事業試煉。我稱之為「撞牆」，大部分的領導者在事業中最起碼會碰到一次。那次經驗雖是痛苦不已，卻是成長與改變的根基，有利我進行事業轉型。我得以深入了解內心，承認缺點，還察覺到自己走錯了路……

漢威聯合公司（Honeywell）。原本是大晉升，後來卻決定重新評估我的事業並邁向全新方向……在這段時期，我開始自問，漢威聯合是不是我真正該待的地方？我總認為自己是成長導向的領導者，不是重整方案專家……我還發現自己越來越在意外表穿著，對於做自己卻不那麼在意了。我雖然不情願，卻還是面對現實，漢威聯合改變我的程度大過於我改變它。我「撞牆」了，卻自負得不去面對。我覺得自己落入陷阱，無從逃離。

我男子漢的那一面說：「我必須堅持到底才行。」當然了，我負責領導，但我努力的天命卻一點也不明確。我的「領導」到底要引領我到何處去？……我好比但丁，也「在黑暗的森林裡」。[3]

比爾提出的是最基本的問題，而本書嘗試回答該問題。你的「領導」到底要引領你到何處去？如果我們的天命不明確，如同那一刻比爾的天命不明確那樣，那麼我們有可能會感到茫然，如同他的動人描述。幸好他沒有一直茫然下去，那一刻化為一記警鐘。最後，他去了美敦力公司（Medtronic）擔任營運長一職。跟漢威聯合公司比起來，美敦力公司的規模很小。然而，他在美敦力公司茁壯起來，最後成為執行長，十年期間業務驚人成長，股票價值從十億美元增加到六百億美元。他在事業達到巔峰時，離開企業界，進入學術界。後來，我問他，是什麼因素激勵他在將近六十歲開創新事業，而他的回答充分展現出他具備的領導者特質。他說，他對同輩的領導者非常失望，覺得自己必須確保我們找到更好的做法。二〇〇四年，比爾獲邀在哈佛商學院教導真誠領導法。

二〇〇六年比爾和我會面時，我們倆都已經深切了解真誠領導法的各項關鍵要素，例如：拆解試煉故事的力量、釐清價值觀的重要性。我們都知道天命至關重要，卻未充分了解天命扮演的角色。

天命，不會讓你一招打天下

我當初一開始在高階主管面前教導真誠領導力，願意把天命排除在等式以外。後來，我發現內容含有天命的學程和內容不含天命的學程有所差別。在我們所有的學程，學員訴說著深刻又強大的生命故事，有失去的故事、艱困的故事、不屈不撓的故事，也有大獲成功的故事、證明自己的故事。學員開始「看清」自己這大半輩子是怎樣的人，他們的價值觀、強項、動機、弱點、終生模式都變得明確起來。

然而，當我沒把天命納入學程內容，在有著深刻洞察力的時刻，有些學員會站起來，十分滿意地說著這樣的事情：「我這領導者有話直說、毫不留情。有人建議說我應該改變，我現在可以忽視那些意見了。」「我這人安靜又拘謹，我就是這樣的人。」在人生故事裡，以模式的形式出現的風格偏好，以及自身真實本貌的核心，兩者被人們給混淆在一起了。

我們全都有著自己覺得自在的行事風格，有著自己看待世界的角度，有著可塑造自身的人生經驗。

好警察 vs 壞警察

保守派 vs 自由派

雙親離婚的童年 vs 完美家庭的童年

結果，我們發展出偏好的風格來應對這世界。然而，若是忽略天命，「真誠」就會被當成盾牌使用，我們反倒無法踏上旅程，就無法深切感受到自己身為領導者、身而為人的真實樣貌。

我們全都認識那種一招打天下的人吧，只懂得用一種主要風格來應對這世界。學習新的做事方法，並不在他們的人生劇本裡。他們可能認為自己很真誠，其實聽從他們的領導做事，往往就是不真誠的表現。他們「就是這樣展現出真正的自己」（他們的風格），而你必須據此調整適應。遠觀或許動人，近看卻引人不滿。

第七章介紹了卡蘿．杜維克提出的固定心態和成長心態兩個概念。固定心態就是以一招打天下的做法應對人生。大目標就是找出一些情況證明你對自己的看法正確無誤，讓你成功運用「招數」，不讓那些考驗你風格的經驗嚇到了你。

有了天命，就得以繞著成長心態轉動。討論的內容不是藉由某人的故事來證明某種風格正確無誤，而是在講述旅程，總是進入版本更完整的天命。正如我們不得任由職務、工作或專業來定義自己，也不得任由自己認為真誠與否就要看自己能不能以喜歡的方法做事。假如認為我們等同於我們的風格，就會受到框限。

沒錯，試著去做新的事情有可能會很不熟練。當我們跨入新的情勢，還要拓展自身能力，就短期而言，會覺得自己沒從前真誠了，可能甚至還會表現得沒從前真誠。然而，**如果把自己當成是天命，而不是用風格來限定自己，那就會更願意拓展能力並冒險去做**。大多數的新職位有兩種工作，一種是我們喜歡做且已經擅長的工作（老闆就是為此雇用我們），一種就是感覺很陌生的新職責，例如：發展型的難題、開會方式、支出報告填寫方式等。然而，經過一段時間，這些事情全都變得很自然，我們的真誠感受和表現又恢復了。

當然，人人各有偏好的風格來應對這世界。不過，有時候，我們以自己的風格應對這世界，這世界卻把我們給碾壓過去，讓我們陷入極其艱鉅的困境，這樣豈不是令人啞然失笑？雖然短期而言可能會非常困難，但是只要我們不得不挖得更深，找到穩固的根基，那麼幸運的話，最終就會更依循天命行事，還會發現有好幾種風格可取用。在人生中，你是何時獲得最大的成長發展？是你以自己的風格應對各個問題的時候？還是，你在情勢下必須拓展能力並融合多種風格的時候？

你或許會說，你這人就是很直接——「你看到的是怎樣就是怎樣」，並且總是對人說老實話。不過，那是一種**領導風格**，**不是你的真實本貌**。不管是哪一種風格，走上極端，就會有麻煩。針對野心領導者的失敗原因所進行的研究就證明了這一點，領導者之所以失敗，不是弱點所致，而是濫用某一種風格或強項，比如說：太過成果導向，未著眼於大格局；太容易引發衝突，未建立信任關係；太過注重人際關係，無法做出艱難的人事決定。把風格和真實樣貌混淆在一起，就會變得更不真誠。

天命是所有風格底下的根基，讓我們得以進入層次更深的真誠。假如你就等同於你的風格，那麼你實際上會有多獨特、多真誠呢？要創作出你自己，哪有什麼方法比領會天命還要更好的呢？（圖表9-1）

圖表 9-1　天命是所有風格的根基

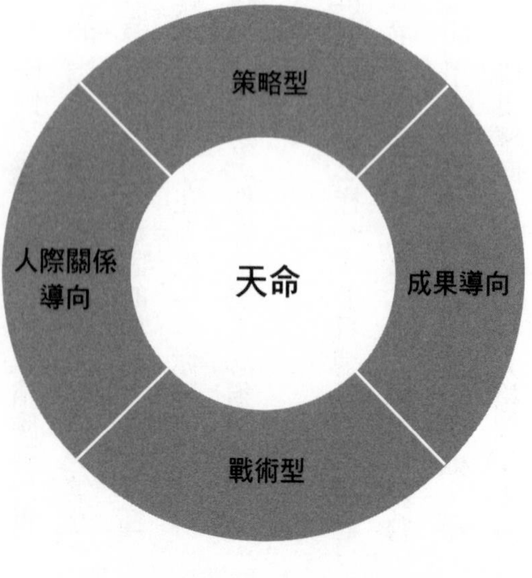

培養多元的領導風格

> **安娜的使命宣言**
>
> 激勵別人抓住機會並占據舞台。

紐約的企業律師找到天命，會發生什麼情況呢？安娜的使命宣言是：「激勵別人抓住機會並占據舞台。」她小時候喜愛表演，成長時期參加許多音樂劇的演出。在舞台上，她覺得自己想成為誰，就能成為誰。她可以擁有某種聲音，傳達某個訊息，幫助你學習新事物。她喜歡把他人從殼裡推到外頭去，讓他們站在自己的人生舞台上，成為他們真正想成為的人。

然而，我碰到安娜時，眼裡看到的只不過是位企業律師，目標明確又遵守紀律，熟知自己的領域，看似行事謹慎。安娜是「劃地自限」的絕佳範例，她採取的是很有成效的企業風格，卻未傳達出她的真誠面貌。

她找到天命時，就好像進入鎂光燈下。當她進入天命室，就覺得好像回到舞台上，發出真誠的聲音，只不過這次她不再需要一齣音樂劇讓自己演出。她的天命就是舞台，能把她的聲音傳達出去。

安娜實踐天命領導法，因此能以一些驚人的方法更真誠地領導。以前，行銷團隊跟她接洽，她會著眼於合約，考量合約的用字。如今，她請行銷人員提出他們的願景，什麼會讓他們感到自豪，他們會以何種方式改善狀況。她希望他們思考他們在做的事，希望他們在客戶那裡留下長久的印象。起初，行銷團隊嚇了一跳，不過成效斐然，除了有效的合約外，想出的做法也好多了。

還有另一種情況，某個團隊想要舉辦大型客戶活動，他們提出好幾項決策，請安娜就此提出法律建議。雖然合約處理起來很容易，但是她先向團隊提出以下一連串問題：

- 「為了讓這個活動享有盛名，我們該怎麼做？」
- 「我們資金有限，要讓這個活動有驚爆點，該怎麼做？」
- 「我們有什麼樣的社會參與？大家會怎麼記得我們？」
- 「參與者有沒有機會回報並在這世界帶來改變？」

這可不是你預期的那種謹慎行事的企業律師。安娜進入天命室，找到了那個一直等在那裡的真誠領導者。公司開始認知到安娜擁有許多才能，剛任職不久的資深高階主管凱倫請安娜協助準備重要簡報。安娜協助凱倫運用天命，於是凱論在簡報的一開始，說了駕駛帆船的故事。駕駛帆船是凱倫的愛好，跟她的天命有關。那是決定性的一刻，客戶和資深高階主管得以看見凱倫的真實本貌，不是看見她提出的內容。安娜對我說：「我把我的個人天命跟凱倫的個人天命結合起來，這樣她就能實踐天命領導法。」

後來，約六個月後，安娜向我提出了一個頗有意思的要求。我們經常訓練內部畢業學員負責帶領學員小組走完天命過程，提出這項要求的多半是人資部門，但企業律師安娜主動要求受訓。

雖然我一開始不是很確定，但是安娜談起了她怎麼領會到天命，我開始看到了以前沒看過的一面。她請我給她機會增進技能，畢竟她的法務職務沒給她機會嘗試。她想找出方法跨出舒適又謹慎的風格，資深法律顧問運用這種風格，成效甚大，卻未呈現安娜的真實面貌。

過去五年，每次安娜協助小組，都展現出更強大的聆聽技能，也能幫別人把隱而不顯的東西給揭露出來。當然了，她光是知道天命，還是不足以輕鬆運用另一種領導風格。天命推著她跨出舒適圈，連結到更深的層次。她跟不同部門、不同層級的人員一起共事，頗受考驗。當我教導她的時候，她總是以這樣的眼光看我：「好，再看看。」然後，她跳回原處。當她覺得我的建議難以做到，會有不真誠的感受嗎？沒錯，完全正確。安娜想挖出層次更深的真誠，但她也很清楚，舊有風格的成效還不錯的話，就不可能培養出多種風格。於是，她一再讓自己置身於傳統法律顧問職務以外的狀況裡。

安娜幫助別人自在訴說他們的故事並分享他們的人生意義，她掌管會議的方法因此徹底改變。如今，她跳脫先前的謹慎做法，在領導風格上有了一些新的選擇。她會視需要左右會議進行方式，她可以主持會議並促成合約簽訂，也可以讓人們開口說出事情，那種想不到竟會對律師說出口、結果卻會對此覺得感謝的事情。擁有選擇，就擁有力量。無論她運用的是哪一種風格，她都是同樣真誠的領導者。

就許多人而言，天命會說：「真的嗎？你打算要待在那個無聊的地方？你心裡的好奇小孩想要玩，我們讓這件事成真吧。」領導者可以保持原本風格，也可以聆聽天命，像這樣能有所選擇時，他們多半會露出晶亮的目光。說明白點吧，很多人就算找到天命，也還是沿用原本的風格。雖說不是什麼萬靈丹，但是把人朝天堂的方向踢過去，讓對方一路大喊大叫，我這輩子還沒見過什麼方法比這更有成效。

認知自身的缺點，才是真正的真誠

要把天命連結到我們身為領導者的真誠，有個重要性排第二的元素。在所有學程中，我們都會請學員列出他們需要從自己及其領導者身上看到哪些特質，好讓他們成為真誠領導者。各種機構和背景脈絡裡一再出現的特性，茲列舉如下：

- 天命明確。
- 自我覺察，熟知自身的優缺點。
- 擁有開放的胸襟，接納正反面意見。
- 跟直屬部下之間保持透明度。

- 實踐自身的價值觀，尤其是情況不順利時。
- 扶持他人邁向成功，幫助他人找到內心的聲音。
- 做出長久的業務成果。
- 能夠視情況轉換領導風格，卻不至讓他人以為不是同一個人。
- 有洞察力並有能力振奮士氣。
- 在很容易批評別人時保持同理心。
- 高效率做出決策。
- 有能力展現優缺點，知道各項優缺點何時行得通。

領導力的特徵視各團體而有些微不同，以下是暗藏的不利因素：

- 我們當中有誰的主管何時真正展現出前述全部特性？
- 還有個問題更難以面對，我們當中有誰何時真正展現出前述全部特性？

對於所謂的完美領導者，學員永遠都有熱忱去下定義。假如放手讓學員去做，學員肯定會列特性列個一整天。然而，我們渴望或期望那麼大，而我們卻是不完美的人類，這兩者的鴻溝使我們認知到自身的缺點。

我的所知如下：當每個人完全進入天命室，當每個人發揮獨特的天賦行事，大家都分別跟自己的天命同處一室，那麼版本最完整的特性清單就會出現，彷彿有人把燈給打開了。他們跟團隊裡其他成員互動的方式，他們在局勢下展現的領導水準，都好得驚人。我落實那些特性的狀況，會跟你很像嗎？可能根本不像吧。人人各有一套獨特方式，讓自身的領導力帶來助益。有些人低調，有些人外向；有些人婉轉，有些人直接。

接下來，全都消失不見。

落實天命時，會碰到一大挑戰，我們永遠無法百分之百依循天命行事，也無法時時刻刻如此。我們進入天命室，獲得我們全都重視的一組強大的領導特性，可是十分鐘以後，我們卻走出了房間。難就難在於找出更輕鬆的方法回到房裡，我們走出去又走回去。

這可能是天命與真誠領導力之間最重要的連結。要做到真正的真誠，就必須承認一點，有時我們會實踐天命領導法，有時不會。每個人都是一件發展中的作品。當我們知道自己的天命，在某種程度上，就表示我們是有選擇的，然後我們都必須做出選擇。

思考要點

審視下列服人的領導力具備的特性：

- 天命明確。
- 自我覺察，熟知自己的優缺點。
- 擁有開放的胸襟，接納正反面意見。
- 跟直屬部下之間保持透明度。
- 實踐自身的價值觀，尤其是情況不順利時。
- 扶持他人邁向成功，幫助他人找到內心的聲音。
- 做出長久的業務成果。
- 能夠視情況轉換領導風格，卻不至讓他人以為不是同一個人。
- 有洞察力並有能力振奮士氣。
- 在很容易批評別人時保持同理心。
- 高效率做出決策。
- 有能力展現優缺點，知道各項優缺點何時行得通。

1. 你何時替展現出前述許多特性的主管工作？
2. 你何時展現出前述許多特性？
3. 在人生中，你何時獲得最大的成長發展？是你以自己的風格應對各個問題的時候？還是，你在情勢下必須拓展能力並融合多種風格的時候？
4. 天命是怎麼推動你邁向層次更深的真誠？
5. 你偏好哪種領導風格？
6. 創作出你的領導力與人生，這句話是什麼意思？

第10章

自我認知不再受外在擺布

當我們不知道自己的天命，當我們沒有不顧一切擔起社會角色，當我們還沒為某些人付出，當我們覺得自己有如在毫無邊際的海洋裡泗游，此時我們全都脆弱不堪。[1]

——大衛．布魯克斯

二十世紀以前，人的身分多半取決於出生的家族和職業。假如你是農夫、商人、鐵匠、漁夫、挖土工人，就表示你的父母和祖父母也是從事同樣的行業。你擁有的選擇受限於你無法掌控的情況，人人都是如此。亨利八世之所以成為英國國王，不是因為他治理能力優異，而是因為他哥哥去世，王位就留給了他。

今日，我們擁有的選擇比較多了。許多人會去問小孩問學生：「那你長大以後想當什麼？」現在，我有個女兒花一年時間待在倫敦環球劇場，同時在學院攻讀演戲，另一個女兒上大學，以後想當高中英文老師。我們不會像大部分的古人那樣受到外在環境的限制，可是對於「自己真實樣貌」的定義，卻還是設下限制。今日，多數人的自我認同（我們怎麼看待自己，希望別人怎麼看待我們）奠基於任職的公司、職務、工作、地位。我們去別的國家，海關入境單上面不會問「你是誰」，問的是我們的職業，我們撫養多少親屬。可惜，對多數人而言，這些基本資訊就構成了我們的自我認同。人生中重大的高低起伏，是跟就讀的大學、晉升的職務、任職的機構有關。

把專業、職務、地位當成自我認同，是終極陷阱

我們跟高階主管合作，共同確立他們要怎麼實踐天命領導法，一開始是關注五年的時間，以便用更寬廣的角度去展望天命在每個人面前展現的樣子。有一點很好玩，無論是處於哪個層級的主管，多半會認為五年後就能最完整展現出天命，可以成為執行長、董事長、人力或法務部門的部長，或者目前金字塔頂端的職位。畢竟多數人都認為執行長的身分「好過於」董事總經理，諸如此類。但有一點出乎意料之外，儘管他們這麼努力往上爬，當我教導資深領導力，卻發現他們真正想要的是往下兩個層級的工作，每個人似乎都想要那個再也無法擁有的職務，或者說，早知道的話，就會留在當初的職位。

我們竟然任由職務大幅改變自己，這點實在值得注意。高階主管會屈從於沒有天命又很不真誠的活動，期望能獲得自己覬覦的職務，這也進一步呈現出我們是怎麼看待自己的自我認同價值。有人會說，某個人升到高位就「變了」，這種現象和說法我不曉得看過聽過多少次了。人們會說：「他一升到副總的職務，原本講究透明、真誠、真實，卻變得愛控制別

人、提防別人、容易引發衝突。」這些職務之所以會引致這種結果，是因為我們的自我認同感不夠堅定，無法確立我們應該怎麼領導。我們覺得自己必須變成「像執行長」那樣的領導者，而這種做法的成效卻不如一輩子引領著我們的天命。

想要的職務或職位算是個大目標。擁有遠大的目標很好，比如說：在所屬領域爬到頂尖，贏得諾貝爾獎，加入《財富》一百大企業執行長的行列等。這類大目標達成的話，有可能是完美的舞台，可實踐天命領導法。但是**獲得頭銜或職務以後，那頭銜或職務不是真實本貌，也不是最終版本的天命**。你以何種方式從事職務、工作或職業，會受到天命的影響。每位執行長都是獨一無二的，你也是獨一無二的。難處就在於，是職務定義你，還是你定義了職務？

任由職務去定義自我認同，這樣很危險，畢竟我們追求的那些職務和大目標都非常脆弱。在許多情況下，只要「他們」更喜歡別人，我們隨時隨地會被換掉。每個由外部界定的職務都是取決於他人，內容也是他人為我們決定的。我們把那麼多的力量交給所屬機構裡的他人，我們對自己的看法隨之受到影響。**我們的自我認同越是由我們想要的職務來證明或界定，就越是把更多的力量交由他人來決定我們的命運**。好比上了電視遊戲節目，我們跟其他參賽者共同競爭，爭取我們的自我認同。我們是贏家還是輸家？我見過一些高階主管為了爭取渴望的頭銜或職務而筋疲力盡，彷彿那就能決定他們在這世上的真正價值。

還有另一道難題，就算我們抵達那些高貴之處，也無法永遠停留在那裡。我跟一些前任執行長、部門主管、過去知名人士，花了很多時間對談，幫他們找出內心一直存在著的更深層的天命。這些討論既動人又痛苦，原因就在於他們的身分認同奠基於一件再也不存在也永遠不會再出現的事物上。大家都認識那種人吧，他們不管碰到了誰，總是再三談論自己過去的風光偉業。幸好，這或許是領會天命的完美時刻，就算這世界定義的那些自我認同全都被消滅了，那個內在的自我認同永遠都會存在不滅。

某次，我在達拉斯短暫停留，在毫無特點的機場酒吧裡喝杯葡萄酒。此時，有一名衣著專業的高階主管在我隔壁坐了下來，於是我們聊了起來。他的公司名列四大顧問公司，他是資深合夥人，決定提早退休。我們倆都要在機場裡等很久，於是我對他說，如果他願意談談他的理由，我會請他再喝一杯葡萄酒。他描述他的事業，密西根大學畢業，拿到第一份工作，進入哈佛商學院，他現在代表的那家顧問公司雇用了他，而在公司裡每往上爬一個階層，就超想成為成功爬上那階層的顧問當中最年輕的。他說，每次就快要成為爬上那階層的人當中最年輕的，就有人捷足先登，我們倆都在苦笑。最後，他不是最年輕的，卻也是個出色的資深合夥人。

在機場酒吧的那一刻，他的職務和頭銜再也不重要了。他剛買了帆船，還把相片拿給我看，一個月後，那艘船就是他的新家了，他大概講了決定的過程。「你知道嗎，我這輩子都交由別人去決定我應該是什麼樣子，去決定我夠不夠優秀，我是不是能獲准進入下一個核心圈。等我爬到頂端，卻意識到自己要應付底下所有想進來的人。我意識到自己為了達到現在的地位，做了種種不得不做的事情，從而永遠無法真正感到自在。這場競爭沒完沒了，就讓別人去當傻子吧。我決定結束這一局，做我自己。」

其餘時間我們都在討論他的新人生，他現在能做的事，能說的話，能成為的人，他憋了好多年。

還有另一條主要的絆線可能會大幅損及我們的自我認同和我們對別人的影響。對許多人而言，自我認同跟職業或專業領域比較有關係，跟頭銜或職務比較沒關係。比起我們擔任不過幾年的頭銜或職務，職業陪著我們的時間長多了，比如醫生、律師、顧問、工程師等。

這段時間以來，我在輔導一群高階主管之前，都會先閱讀全方位領導力檢討報告，看過的報告成千上萬份。一名顧問會訪談高階主管的共事者六至十人（高階主管的上司、員工、同僚、他人），然後製作一份四至六頁的報告，摘述眾人對於高階主管的優缺點與有待增進的領域所提出的看法。報告的前半部著眼於每個人是怎麼把工作做到最好，那也是他們獲得目前工作的原因。報告的後半部詳細評估每個人必須努力的地方（沒錯，就是缺點），所有缺點都有詳細的解釋。這些問題要是不處理的話，將來的可能性就會大幅受到限制。

我閱讀了毫不掩飾缺點的內容，往往會看到這樣的事情：

- 吉姆更需要做好授權的準備，不要把太多工作扛在自己身上，他往往會倚賴自己領域的專業、動力、活力、個人能力。
- 史蒂夫注意細節，要求嚴格，太常回頭仰賴自己的專業，沒有更信任、更倚賴底下團隊的資源。
- 莎曼珊有活力又有動力，懂得掌握主題，因此往往直接訴諸於解決模式，急著想把事情完成，底下團隊沒有機會自行處理事情。她需要學著不那麼關注細節，要更爽快地授權培力，她個人的能量要著眼於藉助他人做出成果。

我們跟世上的吉姆、史蒂夫、莎曼珊討論這些意見，最終就會觸及根本議題。對許多人而言，其實就只不過是他們的工作表現比共事者好多了，他們不去做的話，可能就無法以必要的品質水準做完事情。在這種情況下，每個人都會受害，因為該做事的人毫無學習，而領導者——我的輔導對象——也沒有去做該做的事情。

往更深處探究，就會發現這類領導者多半會察覺到一點，雇用某位工作表現跟自己同樣優秀的人員，往往內心有所遲疑。在某種程度上，他們不想放棄資深專家的形象。他們把自己視為資深專家，要是真的雇用了跟自己同樣優秀的人員或者更優秀的人員（但願不會如此），那麼他們又是誰呢？我們可以說，這樣算好的了，他們沒有把自我認同奠基於新的領導職務上（許多人承認自己覺得新職務很陌生），但他們喜歡新職務的影響力、薪資、地位。我們都認識這樣的人吧，喜歡職務帶來的好處，卻還是做著比自己職務低一個層級的工作。**把自我認同看成等同於專業領域，就是終極的陷阱**。

當然了，適應新的職務或職位需要一段時間，總是有一堆事情要學。雖說不管我們怎麼定義自己，新職務都算是艱鉅的任務，可是一旦自我認同跟專業綁在一起，情況就會變得困難許多。

天命是根基，提供穩定、帶來韌性

自我認同奠基於職業、專業、職務、工作或機構，要解決這狀況，可運用天命這帖十分有效的解藥。天命一直都在那裡，永遠都在那裡。你的天命不會改變，沒人可以從你那裡奪走天命。你越是投注於天命，越是傾聽天命，越是依循天命行事，那麼天命就會變得更強大。人生中很少事情是像這樣，所以擁有明確的天命才會具備這麼強大的力量。

面臨難關，就必須立足於某樣穩固的東西之上，尤其是覺得周遭一切都不穩定的時候，天命提供了必要的穩定性。**天命之所以能帶來韌性，是因為我們依循天命行事時，自我認同**

再也不會受外在一切的擺布。想想你會怎麼回答「你是誰？」的問題吧。你對自我認同所下的定義，涵蓋了哪些內容？如果你的自我認同不是由外在世界定義，會發生什麼情況呢？有了天命，就會有權利發揮自身的獨特天賦，應用在人生中的各種情況，從內而外，從外而內。我們再也不是未來的、目前的、之前的X、Y、Z。我們就是我們的天命，向來如此，永遠如此。無論是碰到最壞的時刻還是最好的時刻，都可以仰賴天命，實踐天命領導法。

第三章提及的藍傑，他訴說了一則很棒的故事，天命型自我認同的力量顯得更有說服力了。藍傑的使命宣言是：「人帶到舞台中央，燈光，攝影機，開拍，我們造就不同。」前些時候，藍傑爭取重大晉升，他很確定自己會拿到那份工作。然而，拿到工作的卻是別人。

一有壞事發生，我就會陷入低潮，覺得很倒楣。此時我想起了「殊途同歸」的概念，有很多條路可以通往你需要去的地方。於是我放下了，心想：「那是根據績效、關係，還是什麼呢？」大家都努力對我說這樣的好話：「下一個會是你。」我花了好幾天自省，意識到唯有自己的天命是誰也無法從我這裡奪走的，天命就是我的導航燈。我往後靠著椅背，說：「在人生中，我扮演許多不同的角色，扮演有些角色時會碰到失望的情況，就像這次一樣，可是與此同時，人生中還有許多其他（可以說是更多）層面很順利（例如：家庭），帶給我許多喜悅。現在該要承認這點了！」天命總是在那裡拉著我邁向正面的活力泉源，不會任由負面層面把我往下拉。我體會到快樂就在於把其他許多事情帶到舞台中央，就在於把沒拿到更大工作或晉升延後所帶來的所有痛苦全都放下來。天命就是內心的聲音！

我團隊裡有些人正在等待升職，或者正等著跨出事業上的一大步，有些人的情況也許比我還要糟糕。我的天命傳達出的訊息是「我必須讓他們受到妥善的照顧」。假如我現在就動搖了，這些人可能會受到影響。我們有個重大的人資計畫要完成，有個重大的里程碑要達成，我們要開設新的培訓中心，我的團隊過去兩年都在處理這項大型專案。我的團隊需要我，我的工作需要我。我把全副心力都放在這項專案上面了，盡一切力量把工作做好。我們拋開權謀手腕，做好本分工作，推出了世界級的培訓中心。最美好的事情發生了，我的部屬獲得升職，在事業上跨出了他們非常渴望的一大步。我好開心！努力工作有了成果，其餘的都是過去的事了。注意力不要放在失望的情緒上，轉而專注在自己能做的事情上。了解自己的天命，實踐天命型領導，讓我心生喜悅，或者說，起碼有勇氣面對困境。然後，確實是殊途同歸了，我後來獲得重大晉升，負責管理腹地廣大的地區，那從來就不在我的計畫內，但實踐的天命領導法卻達十倍之多。

藍傑遇到的那種情況，我們全都面對過，在職涯期間，幾乎不可能沒碰過。天命具備的真正力量就是成為我們立足的穩固根基，還確立了我們要怎麼因應局勢。藍傑原本很容易就會失去動機、無法專心，還讓團隊失去支持。然而，他拋棄了脆弱的自我認同，進而加深他跟天命之間的關係。

若任由職務定義自己，人們多半會碰到藍傑經歷的那種情況。不過，幸好他有天命作為助力。許多時候，我在輔導高階主管時，有機會同時觀察到轉變的發生。最初你看見他們十分渴望某個職務，然後他們實踐天命領導法，看見了另一條更滿意的路。我們有許多角色要扮演，而在知道天命以前，我們的真實樣貌是由這些角色都共有的狹小中央區呈現。然而，我們的自我認同往往是由以下圖表 10-1 的三者之一加以定義。三者各有其脆弱之處，失去其中一個會造成很不穩定的重大影響。

圖表 10-2 是我們依照那個引領著我們的天命來調整自己，之後跟自己扮演的各種角色之間就會有了

圖表 10-1　知道天命之前的自我認同

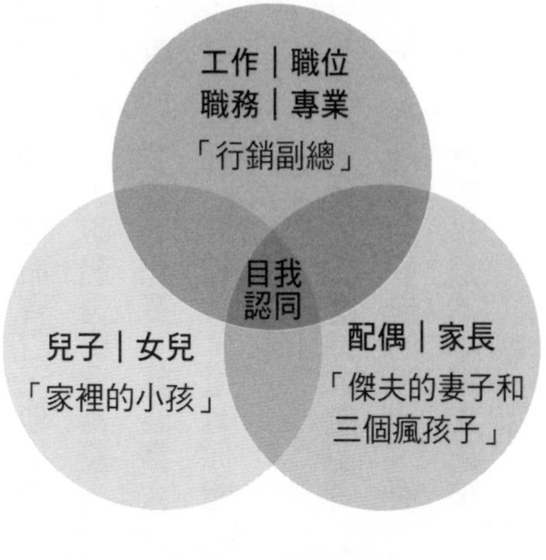

圖表 10-2　依照天命來調整自己

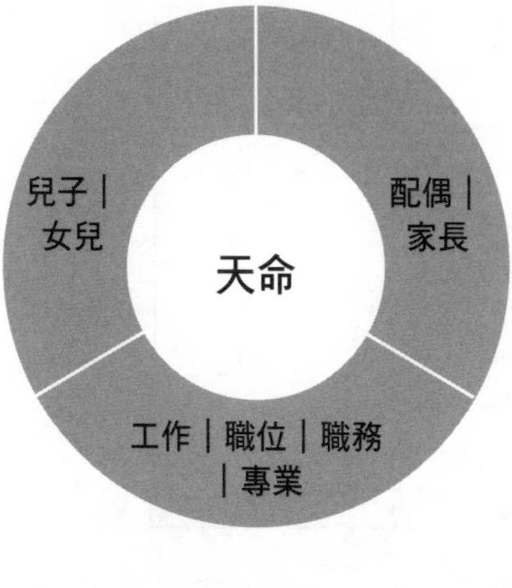

不一樣的關係。

詹姆斯的使命宣言

運用所有要素，贏得比賽。

比如說，我當初見到詹姆斯，他在大型跨國公司擔任資深採購主管。他的天命是：「運用所有要素，贏得比賽。」我們從他對駕駛帆船的終生熱忱當中找出他的使命宣言。他從小到大都熱愛駕駛帆船，技術好到獲選為奧林匹克帆船隊的候補。駕駛三人帆船需要非常驚人的平衡感和協調性。「下一秒鐘風會怎麼吹，你永遠不知道。最後，要贏得比賽，就要靠大家的能力、直覺、流暢度。競爭對手的帆船跟我們一樣……所以重點就在於船員，還有你能不能讀懂氣象要素。」

就他的採購事業而言，這點很有道理。此外，他原本把自我認同定義成採購員或航海者（兩者都是重要的角色），後來卻體會到在他做的所有事情當中，他就等同於他的天命，而我看著他這樣轉變，也從中獲得滿足感。當你領導全球採購工作，最微不足道的小事加起來就能大量節省開支，駕駛帆船進行比賽也是同樣道理。

然而，當我們最先探討他接下來五年要以何種方式更徹底實踐天命領導法，他卻只看見一個角色。要說哪個句子能最完整傳達出他未來五年的天命，他所用的「定義」句卻是「全球跨國公司的採購主管」。

我希望他看清楚一點，採購主管一職不會界定他要以何種方式去實踐天命領導法。雖然擁有大目標很好，但是大目標本身只能傳達出以下的概念：努力工作、幸運、毅力、有適合的人想要你。我問道：「如果我們透過你的天命鏡頭去觀看，無論你最後做的是什麼工作，大家對於你的領導方式會有什麼看法？」詹姆斯意識到自己將來不管是做到什麼職位，答案都是會一樣的。

我最出名的，就是能訓練出最佳的人員並贏得大賽。我的領導力具備獨有的特質：

- 在不可預測的全球世界，我表現得很出色。
- 我搶先別人一步，看出亂流，讓人員做好準備，額外加快速度。
- 每個人都覺得無論協助的是哪件事務，大家都是在同一條船上，都要贏得比賽才行。
- 我們沒贏得比賽，我是泰然處之的那種人；我們從失敗中學習，為下一場比賽做好準備。

正如你所見，詹姆斯開始了解到一點，有了天命，就能以很不同的方式去看待自我認同和自身的影響力。他觀看這世界所用的鏡頭可應用在他人生各個層面上。請注意，我們現在理解了他日後會以何種獨特方式領導，並未去關注他享有的頭銜。

對於依循「運用所有要素，贏得比賽」此一天命進行領導，詹姆斯加上了最後一個面向——他的家人。

重新投注於我的支柱團隊（我的家人）

- 我們一家人維繫感情自有一套做法。

天命帶來的一大啟發，就是讓我們關注人生所有層面，不是只有在職場上實踐天命而已。詹姆斯全神貫注於採購事業，忽略了家庭。說到實踐天命之處，家庭就跟職場同樣重要。把天命應用在家庭，會帶來立即的影響。我們見到高階主管時，他們在職場上多半已實踐天命領導法。他們或許不知道什麼句子最能定義他們的天命，總之還是會徹底實踐天命領導法。然而，他們的天命通常沒有落實在家庭上。如果自我認同是奠基於工作，那麼全部時間精力都花在工作上，忽視自己在人生中扮演的其他角色，那應該就不是什麼意外之事了。當自我認同奠基於天命，就可以落實在人生所有層面上。

前一陣子，我有機會訪問詹姆斯。我有四年沒跟他聊過了，很想知道他後來的情況。幸好他很清楚他的自我認同感是奠基於天命。但有一點出乎意料之外，我們上次聊的時候，他很重視全球採購職務，現在那個職務已經是過去式了，他離開那家跨國公司，在一家很小的航空公司擔任採購主管。為什麼？嗯，他現在的住處距離某家世界級帆船會只有一百公尺，他兒子正在學習賽船的方法。如此一來，他得以跟家人落實他的天命。隨著他的兒子逐漸長大，他意識到有個時段——現在——可以讓他把天命真正落實在兒子和妻子身上。詹姆斯放棄了他對全球採購職務的渴望，轉到現在這個職位，這職位最是能讓他在人生中所有層面實踐天命領導法。他不再讓工作定義自己，而是經由天命來定義自己。

如果我們不只能看清自我認同要奠基於天命，也開始經由那個引領著他人的天命，跟別人交流互動，那麼會發生什麼情況呢？對多數人而言，在沒有他人幫助下看不清的事物，在獲得他人幫助後是有可能看清的。

讓天命與他人對話，造就影響力

我有幸幫助諸多高階主管把職務型自我認同轉換成天命型自我認同，但我沒看到這個轉變有一種極其強大的影響力，如果不是晚上跟各種學程的畢業學員做了一堆討論，我永遠也不會意識到該種影響力。畢業學員參加學程，是要就天命的影響力分享他們的故事，但晚上的討論往往會變成在講一些他們深受影響的對話內容。當中是有模式的，大部分的畢業學員都覺得有兩三回的對話具有強大的力量，影響了他們的一輩子，其他對話則不然。

想想人們跟你進行的數以千計的認真對話。許多人鄭重跟你談過某件事你應該做或不應該做，面對現實吧，大多時候他們說的話其實沒有扎根在你的內心。細想的話，就會發現只有幾回對話帶來深遠的影響。那些對話改變了你做的事，在許多情況下，還改變了你對自己的看法。最近幾年，我們就這個現象對學程的五百多名畢業學員提問，結果發現三個最常見的主題。

- **高成效的對話是棘手的對話**。高成效對話很少是那種認可或讚美我們某件事做得很好的愉快聊天。高成效對話幾乎總是把我們拉到一旁，傳達棘手的訊息給我們。
- **對方是權威人士或家人**。講話的人要麼有一定程度的權威，會讓我們相信他們說的話是「真的」，要麼就是親近的家人。許多時候，資深領導者會讓年輕的我們坐下來，進行棘手又直接的討論，談著我們的表現如何，應該要有什麼樣的表現。

- **對方談話的對象是我們的真實本貌**，也就是我們的天命。

我們跟資深領導者與家人有過數十回棘手的對談，但是造成的影響力和長期結果各有不同。對話之所以能造就不同、帶來改變，是因為他們對談的對象。他們談話的對象不是那個把事情搞砸的人，不是那個正在搞砸事情的人。他們談話的對象是我們內心深處的天命。他們沒有明說，心裡卻很清楚，而我們也知道他們很清楚。這類的對談極其少見，因此發生的時候，都會帶來難忘的影響。還有一點，這類對談無法造假。如果他們在那裡只是為了稱讚我們有多棒，那就不太需要真誠。如果他們把我們給攔了下來，同時跟真正的我們對談，那可說是少見的美事一樁。當這種事發生的時候，我們不會忘的。

要某個人去落實天命，會帶來最正面的影響，畢竟人們很容易就會把別人看成是問題，無法履行職務，簡直需要一棒敲醒才行。我們全都懂得那種感受。

以前，我負責設計及管理大型公司的變革。有頂尖人員訓練過我，我的經驗可讓客戶和其他顧問冷靜下來又有安全感。我受任接下組織架構主管一職，首次推出的計畫範圍遍及全球，影響員工數以萬計。複雜度不是問題，但人際關係就是問題了。有兩位資深人員個性天差地遠，一個是法國人，一個是一輩子的休士頓石油商，很難有好的互動交流。我不喜歡他們倆，他們倆也不喜歡我，他們倆彼此不喜歡也不信任。我深陷於大規模變革專家的身分裡，覺得自己是對的，他們是錯的，而我的工作就是「幫助」他們不要做蠢事。你可以想見情況會是如何。

我的上司湯瑪斯——我替他工作二十五年了——要我坐下來談。他一開頭就問：「狀況怎麼樣？」我說了所有發生的狀況，應該要怎麼解決「那邊」的問題。湯瑪斯直視著我，說：「尼克，我知道你是怎樣的人。你很開朗，做事快，解決不了的問題也能解決，也很努力，請告訴我，你覺得行得通嗎？」老實說，行不通，永遠也行不通，那兩個人簡直水火不容。最後，我們把領導職務移交給另一位同事，他是調解法國人和休士頓人的完美人選，後來還待在那個職務多年。

我回顧那一刻，發現湯瑪斯看見了我內心深處的真實本貌，而且就我所知，那百分之百符合我的天命。他打開了天命室的大門，我知道那就是我帶給這世界的獨特天賦，只不過當時我還無法用詞語描述出來。我並沒有覺得自己被分派到別處去，也沒有覺得自己被開除了，我只是覺得自己被看見了、被認可了。我沒有覺得自己被毀了，反倒是自我認同獲得強化了。

再一次，我們對自己的和他人的自我認同所下的定義，讓成果有了大幅的變化。還記得吧，有了天命，工作滿意度和投入度就能獲得改善。想想你是立足於何處領導他人，是如何以天命鏡頭看待他人。你有了天命以後，別人受到的影響就會變得截然不同。用這種方式跟我們對話的人，在對話中是依循其天命行事。天命型對話表現的樣子和帶來的感受就是如此。

天命有其影響力，不僅讓我們擁有了終於是屬於自己的自我認同，也讓我們表彰別人的方式能讓對方更依循其天命行事。我們每個人都需要想起自己是在何處找到穩固的根基。

思考要點

1. 你是誰？也就是說，你今日的自我認同是由什麼構成的？
2. 在你的目前職位上，你的自我認同有多少是由你的頭銜或職務或你做的工作來定義？只有一點？有一些？還是有一大部分？
3. 你定義你的職務？還是你的職務定義你？
4. 在你的專業職務當中，哪一個會對你的自我認同產生最大的影響？為什麼？

5. 在你這一生，別人跟你進行的討論中，哪些討論蘊含著最強大的力量？請舉兩、三個例子。
6. 那些經驗的共通模式是什麼？
7. 在這些討論中，你認為可以找到天命具備的哪些要素？
8. 你曾經直接跟對方內心深處的天命——不是對方的職務、頭銜或性格——交流，上一次這麼做是什麼時候？
9. 對方受到什麼影響？

第 11 章

充滿投入感、滿足感和活力

天命帶來活力。天命讓你早上自動起床，推動你不斷往前邁進。天命帶給你方向……在這趟宏大的旅程上，你是當中的一分子。天命不斷前行，總是在擴展。

——約翰

我依循著天命時，不依循天命時，都有種非常強烈的感受……我依循著天命時，就擁有充沛的活力，覺得如火焰般熊熊燃燒。我留意到現在沒依循天命時，沉重感隨之而來。

——史黛西

對領導者而言，很少事情會比高度的活力與投入度還要更重要、更值得擁有。有了天命，一切順利；沒了天命，人生爛透了。有領導者跟我說，他們從天命當中獲得活力並重新投入，而且人數竟然還不少。活力與投入度的增加是假造不了的。擁有活力，就什麼事都能處理；筋疲力盡，領導就變得困難，真誠的領導也就越是困難。我們喝紅牛和星巴克，運動，睡一晚好覺，但在我的世界，在你的世界，這樣就是不夠。你要麼是全身散發出充沛的活力，要麼就是沒有活力，覺得事不關己。明知道活力槽是空的，卻還要發揮活力發表簡報，我們全都很清楚那是何種感受。我們認為（或希望）沒人會留意，但在某種程度上他們都知道。未依循天命行事，就很難發揮活力、投入、真誠。

絕大部分的領導重點就在於你是怎麼激發別人的動機、活力、能力。然而，很多努力都是放在支持小目標上，最後得到了極不滿意的結果。

你是否也工作到不想投入，感到厭世？

難以找出活力並投入其中的人，不只是資深領導者而已。機構費盡心力提升員工的投入度，人資專家認為員工投入度是推動企業成功的關鍵指標。根據國際金融教育網站「投資百科」（Investopedia）指出，「投入的員工在乎自己的工作，在乎公司績效，也覺得自己的努力會帶來改變。」[1] 蓋洛普公司發表了機構內投入度的研究報告，涵蓋範圍多達一百四十五個國家。他們最新的數據不太能振奮人心（見下頁）。[2]

我不知道你有何感受，但我看到這些數據，就嚇了一跳。實際上，職場上八七%的人要麼已經麻木，要麼就在逃避，這未免太瘋狂了吧。假設多數機構的情況只有數據顯示的一半糟糕吧。

蓋洛普：一百四十五國的公司投入度

- 24％員工覺得「事不關己」（「會工作的死人」）
- 63％員工不投入
- 13％員工很投入

就算「事不關己」和「不投入」的數據加起來只有四三．五％，這樣還是太多了。其實，「不投入」和「事不關己」的人，我見多了，幾乎每週都會看到這種人出現在眼前。他們看起來就跟你沒兩樣，還坐在我們的課堂上。實際上，我們感受到的活力和投入度會不如我們的期望。有些時候，在某些情況下，「裝久了就會成功」的做法可能有用，但時間拖久了，就會覺得疲累不堪。

我輔導過的高階主管有許多都已經「到達目的地」了，也就是說他們到達了別人渴望到達的地方。可是到達目的地以後，卻面臨一連串的問題和人類困境，吸走了全部活力，讓人好希望自己可以變成事不關己的一分子。

- 公司內部有兩位候選者都很好，一個是你之前的同僚，一個是你的好友，你必須決定哪一位會拿到關鍵職務。你做出的決定會傳達出各種訊息。職位只有一個，不管結果是什麼，你都是輸家。

- 上層要你大幅降低成本，同時維持頂級的成長，順道一提，還不能影響到長期的狀況。沒有魔法精靈可以解決這道難題。
- 你全部的時間都在為自己人作戰，實際上再也沒有「從事」好玩的事情。
- 你看著那些層級比你高的人，卻看見他們的人生是徹頭徹尾的災難一場。
- 你是每個人在酒吧裡談論的對象，你一現身，他們表現得就好像有人死了一樣。
- 一天裡沒有足夠的時數、一週裡沒有足夠的天數來完成你的工作量，但你沒做的那些事情全都還是落在你的頭上，你需要付出雙倍的努力才能修正問題。你睡覺的時候，你沒讀的那些電子郵件在你的靈魂上鑽孔……
- 資深領導「團隊」內部無法達成共識，代表你的長期策略計畫永遠不會獲得核准。然而，那些人還是認為你要為結果負責。
- 你仰賴的關鍵人力離開了，接下來六個月沒人能填補缺口，就只有你了，於是現在你的工作量多了一倍。

記住，你在機構內爬到了頂層的職務，你獲得的回報就是「要付出更多」！我的重點在於其實沒有什麼要「抵達」的地方，重點在於要立足於一處來領導他人。要做的那些事情有如虎頭鉗般即將夾破你的小腦袋，可是當你一順從天命，那些事情就會變成一場動人的冒險旅程。

有了使命感，就有了投入感、滿足感、活力

根據怡安翰威特公司（Aon Hewitt）的研究結果，多年來員工投入度向來是公司成功與否的基石，無論是把事做好，還是做好事，都是如此。[3] 使命感強烈的員工會比較滿意、比較投入、比較滿足，也會表現得比較好，生產力更高，對機構付出更多。然而，近來員工投入度下降，原因出在於令人擔憂的人力資本趨勢。

幸好，似乎有解藥可以解決這股向下的趨勢。有開創精神的公司正在嘗試改變走向，要讓員工變成天命型的提倡者，倡導公司天命，思維角度從原本的「員工投入度」轉變成「員工滿足感」。公司改變關注的焦點以後，就能運用天命來激勵員工，讓員工投入在工作中。

在此已引用證據，證明了天命對千禧世代至關重要，但是跟隨這股趨勢的，不只是千禧世代和X世代而已。嬰兒潮肩負著所屬世代的責任，正在帶領大家轉往天命導向的滿足感。

根據 LinkedIn 和 Imperative 這兩家公司共同進行的研究結果，天命導向的勞工在工作中

獲得滿足感的機率多了六四%，在工作中獲得滿意度的機率多了七三%。這就表示公司的機構使命若是明確傳達且品牌形象良好，就能經由招募過程吸引到更優秀的人才，員工流動率低，也能從中獲益。

天命似乎會直接影響到活力與投入度，為什麼呢？我們在職場上全都會面對的那些瘋狂情況，天命會如何幫助我們應對？

就我看過的情況，天命與活力是來自於同一處，所以兩者的關係才密不可分。到頭來，假如你的獨特天賦不能為你、為你觸及的人事物發揮活力，那麼你的獨特天賦還有什麼用處呢？每次我碰到那種天命明確的人，無論話題是怎麼嚴肅或「沉重」，雙方的對話都會讓彼此覺得更有活力。好比戴上特殊眼鏡觀看同一種瘋狂的情況，卻看見了不一樣的選擇。

我們身為領導者，在日常會碰到大挑戰，那就是要怎麼找出一股源源不絕的活力，讓自己得以持續往前邁進。我輔導的領導者聽從其天命行事時，他們對我說，他們的活力程度變成五倍之多。天命就是你真實樣貌的核心本質，就天命的性質而言，天命提供能量，創造出專屬於你的活力。就我們訪談過的所有領導者，高價值的活力和投入度是共通的主題。

記住，發掘一個人的天命並不是我輔導過的領導者專用的腦力練習。在尋找的過程中，算是有個可預測的活力模式。當他們領會到天命，就好像有人開了燈，照亮了房間，他們最愛的電影主題曲開始大聲播放。天命現身時，同處一室的其他人都感受到了，心有所知，也跟著有活力起來。「我的天命是什麼？」此一問題的答案竟然來自於人生中的瘋狂冒險，而且那些冒險就很像是我們在目前背景脈絡下領導時所面對的種種令人困惑又複雜難解的議題。我們從那裡找到活力並投入其中，我們的反應從「逃跑躲避」變成「挺身而進」，我們內心的好奇寶寶也來到了此刻。

狄迪耶．達勒曼涅（Didier Dallemagne）是個很有意思的例子。狄迪耶在公司事業的尾聲，在退休的三年前，才找到了自己的天命。

我們當時在公司培訓中心，我去過那裡無數次了，常常相當沮喪，因為會想起自己沒做好的地方。那次，我打電話給妻子，她說：「你在培訓中心，確定嗎？因為你的聲音很有活力，很正面，你在那裡的時候，心情通常不是這樣。」我認為找到天命就會擁有充沛的活力。當我把自己的天命和公司的使命連結起來，就真的能把自己的天命轉化成品牌的使命。那樣太美好了，因為你可以在機構內創造活力，並且運用天命來團結大家。這不是二選一的問題。如果你有什麼跟你的事業是一致的，那就太好了。天命帶來活力，也等於有機會以那樣的活力領導一群人。

要是我遇到某個人束手無策，傳達不出是什麼天命在引領著自己，此時還有個接觸點，可以幫助我理解天命與活力之間的關係。有時，在為期三天的學程裡，有幾位學員就是找不出一輩子引領著自己、藏在內心深處的那個天命，活力低迷，差不多落到了絕望的地步。他們沮喪不已，心煩意亂，回到家，失眠好幾個晚上。我總是幾週後就會接到電話，此時會發生以下其中一件事：

1. 他們把釐清後的使命宣言告訴我，還說周遭人們的活力程度和受到影響的程度也很明顯又明確，彷彿插進牆上的萬用活力插座。
2. 我們就在電話上把最後的工作收尾，情況隨即改變，好像「碰！」的一聲，活力就立即上升。我們雙方都體驗到了。也不是說非得核對一份列出五項標準的清單，才能判定是不是已經到達那個擁有天命與活力的地方。我們雙方都感受到了。

我們這輩子向來活力十足。我們之所以渴望活力，是因為我們很清楚活力帶來的感受有多美好，也意識到活力對別人產生的影響。有了天命，就能輕鬆抵達活力所在之處。就算前一天晚上沒睡多少，隔天還是要發表重要簡報，該怎麼做呢？記住你的天命吧。不得不完成累人的行程，前往多個現場視察，而且對最後一個現場的人員付出的心力，要跟第一個現場一樣，該怎麼做呢？落實你的天命吧。客戶或上司在會議上給你苦頭吃，六個月來的工作成果在地板上，你不得不應對，該怎麼做呢？對於你該怎麼看待剛才發生的事情，問問你的天命吧。你想要活力嗎？跟你的天命談談吧（我是說真的談）。

尼克．布萊熙的使命宣言

釋出曼德拉魔法，在熱忱與謙虛之間取得平衡。

有一位領導者正可拿來當例子，那就是尼克．布萊熙。在此分享的不是尼克的旅程當中的一個元素而已，還要去看他整個的旅程，去看天命、活力、投入、混亂、矛盾、道德兩難處境怎麼共存，這樣讀者都能從中獲益良多。

尼克．布萊熙在南非長大，親眼目睹種族隔離的狀況。他上的是多種族學校，看見不同種族的朋友不得不經歷的處境。有色人種必須住在隔離社區裡，那裡有「鎮區」（township）之稱。尼克可以如常回家做功課，但他的朋友不得不應付言語暴力和肢體暴力，簡直有如家常便飯。有時，他的朋友回去鎮區的家，幾天後才回來上課，他們被打得很慘，他們的經歷嚇壞了尼克。尼克受傷了嗎？沒有，他的難處是活在這套把每個人的生命活力都吸光殆盡的體制裡。在道德敗壞的體制裡，他有很多同學要麼受到壓迫，要麼被訓練成壓迫者。

尼克大學畢業、正要選擇事業之時，種族隔離制度就此結束。幸好，強制徵兵也結束了。他的白人朋友多半決定追著錢跑，投入銀行業。他決定往相反方向去，在成人教育中心工作。有兩年時間，他教導五十五歲至六十歲的黑人長者讀書寫字。那些老人家每天都在試探他，他們不明白，他為什麼要做這個工作。他們把人生故事告訴了他，說當初是怎麼被當成三等公民，而他靜靜聆聽。他看見那些老人家高興得哭了出來，因為他們現在可以讀故事書給孫子女聽，陪孫子女寫功課，搭公車，閱讀報紙，不會再有不識字很丟臉的感覺。如果你希望有個理由當成每天早上起床的動力，再也沒有什麼理由比這更好的了。

尼克做了這份工作，感到活力十足，這件事猶如基石，不但影響到他對自己的看法，他也能決定哪些事情是重要的。如果某件事沒辦法讓他產生那樣的活力，就表示那件事不值得去做。尼克沒有逃避種族隔離帶來的餘波，反而是直接面對，從中茁壯成長。尼克很清楚，領導風格各式各樣，有那種可幫助人們成長的開放型領導，也有封閉型或傳統型的領導。他很清楚自己想表現出哪一種的領導風格。

多年後，上級要他去關閉某家工廠，工廠在喬治亞州的亞特蘭大，員工有三百名。對於關閉工廠的做法，他是有選擇的。第一種做法是快速關閉工廠，然後就不管了，繼續做他的工作，這種做法對他而言最是輕鬆；第二種做法是讓工廠繼續運作很長一段時間。選擇第二種做法的話，就不得不應付道德議題，處理員工在失去工作後面臨的選擇。同樣地，對他而言，活力正是關鍵所在。只關閉工廠的話，毫無「活力」可言。會讓尼克產生活力的，是員工對本身工作的自豪感，而他希望他們能保持這樣。

他跟喬治亞勞工部共同合作，全體員工都重新調派了，只有一名員工沒成。他讓工廠開到最後，這樣就能以合適的方式關閉工廠，讓全體員工為此感到自豪。他不讓關閉工廠一事耗盡活力，他做了一堆小事來幫助每個人，從中獲得活力與正面的回憶。他因這番成果而榮獲獎項。做困難的事，同時還能看見人們茁壯起來，幫助他們邁向全新且可能更有意思的地方，這些是有可能辦到的。尼克·布萊熙的使命宣言如下：「釋出曼德拉魔法，在熱忱與謙虛之間取得平衡。」

前陣子，尼克碰到了前文提及的挑戰，他要發表重大簡報，並運用內心深處的天命泉源。尼克必須開設為期一天的勵志課程，對象是公司前四百強的優秀人士，地點在荷蘭，他為此擔憂不已。他才剛搬到荷蘭沒多久，接下資深人資副總一職，也才剛努力學荷蘭話。用剛學的語言教課，任誰都會心生畏懼；學員是公司內前四百強的優秀人士，一堆人聽到這任務都會恐慌發作吧。他想讓學員得知公司的特殊之處。

尼克是這麼說的：「我去除所有的恐懼和焦慮的想法，覺得活力達到巔峰。」你可以說尼克的話聽起來很傲慢，畢竟他才剛到那裡不久，對公司能有什麼了解呢？然而，他就像在南非和亞特蘭大時那樣，讓自己置身於天命室，他很清楚一定有方法可以做出活力十足又充滿影響力的事情。他決定課程重點主旨是藉由說故事的方法釋出機構內的才賦。他體會到關鍵就在於把最棒的故事帶到舞台上，讓每個人都去經歷一番。

尼克的獨特天賦就在於領導課程的方式，他能幫助那些從未說過自己故事的人們在舞台上找到自己，在整個機構前強調他們的才能，他們就是榜樣，可促成改變發生。就多數人而言，訴說有關自身才能的故事，這段經驗始於工作面試，也終於工作面試。從那以後，我們聽到的事情就只有自己沒做到的事情，自己的弱點。尼克把這種情況扭轉過來，他的做法就是從根本上注入活力又盡情投入，徹底傳達出他的天命。時至今日，人們還是會去找他討論做法。

當然，尼克並不完美，沒人是完美的。天命會推動我們更徹底實踐天命型領導，而這麼做並不自在的時候，尤其要仰仗天命在背後推動我們。一切順利時，或者我們表現出色時，很容易就能活力充沛、盡情投入，這時就不需要天命現身。尼克的難處在於他現在的職務不是要解決每個人的問題。他處於事業的轉捩點，他成為這領域的專家才爬到目前的職位，但這一點日後會成為絆腳石。

與天命對話，洞察真實的自己

正如我們所知，自我認同感的建立根基從自身的專業移轉到天命，就能站在穩固的根基上領導他人。尼克的定位需要從專家轉換成總經理和教練。他清楚意識到自己的專業能力有多礙事。「我理解自己為什麼那樣做，可是那樣會妨礙到我的天命。」還記得吧，尼克的天命是「釋出曼德拉魔法，在熱忱與謙虛之間取得平衡」。

他體會到一點，隨著他越來越資深，「為別人解決事情」這樣的領導行為無法幫助他實踐天命，反而讓他一直在除機構的雜草。去解決事情，去做機械性的事務或他覺得容易的事情，沒辦法幫助別人變得很成功。用意雖良善，結果卻無法讓人成功，就算他覺得「容易」，還是會耗盡活力，無法產生活力。尼克正在這一點上努力，他提出了一個很棒的隱喻，喜歡喝葡萄酒的人肯定心有領會。「我必須讓自己的領導技能熟成，像上等葡萄酒那樣。」尼克發現自己的領導行為沒有跟上天命。他意識到這一刻是改變人生的機會，他要從一直以來居處的領域，轉換為成熟的資深領導力，而那是他往後想要居處的領域。「我覺得自己必須更親身實踐才行。我不想幫人安排資源達成目標，我想安排資源幫人獲得成功，從而創造出張力狀態。」

尼克經常跟自己的天命進行這類「對話」，這就是天命蘊含的力量。深刻洞察自己現在的真實樣貌和將來的真實樣貌，是怎麼能讓人盡情投入又活力十足?就我所知，唯有天命能夠彰顯我們的來處，同時能召喚我們前往更宏大的去處。尼克處於莫大的轉捩點，要跳脫他原本對自己的看法，進入他即將接下的新角色。這個轉變之所以能發生，是因為他的自我認同現在已經立基於天命，不是立基於職務或技能。他的活力泉源是什麼人也無法從他身上奪走的，可是採用新的做法有時會壓力很大。下一章的內容講述有關壓力的一些令人驚訝的事情，還會說明處理壓力的方法。

思考要點

1. 跟蓋洛普的投入度分數比較，你工作的機構表現如何?
2. 就活力度而言，你會替目前職務打多少分?請以一分至十分來評分，一分是最低分，十分是最高分。
3. 哪些活動帶給你最大的活力?
4. 哪些活動耗盡你的活力?

5. 跟沒活力的時間相比之下，你有多少時間覺得很有活力？請以百分比表示。

6. 如果你的活力度增加三〇%，會發生什麼情況呢？

第 12 章

壓力不會消失，但會變有益

登山者攀登著聖母峰洛子峰面的冰壁，說著：「好麻煩。」你可以想見這個畫面嗎？……登山者很清楚自身壓力的來龍去脈，那對他而言有個人的意義，是他自己選的。[1]

——凱莉．麥高尼格

人人在生活中都有壓力。你把壓力看成是你個人版的聖母峰攀登經驗？還是說，你會看成是那種應該消失的問題？若說天命會對什麼造成影響，那肯定就是我們跟壓力之間的關係了。沒錯，**壓力是人人都說有害的東西，但原來只要壓力跟天命有所連結，就對我們有益了**。在此要感謝史丹佛大學的凱莉．麥高尼格，她深刻洞察出壓力是怎麼對我們有益。當初訪談及觀察高階主管時，我留意到一個現象，而她的洞察力有助我了解該現象。許多高階主管一旦更明確掌握到天命，就會跳進非常高壓的情境裡。我以前就跟多數人一樣，以為壓力很大是有害的。許多領導者一再對我說，他們一旦實踐天命領導法，就會覺得壓力變大許多。同時，他們也覺得更有活力、更好奇、更勇敢。這兩種情況怎麼可能同時存在？

原來實踐天命往往會讓生活中的壓力值大幅增加。本書提及的許多故事都說過這類情況，人們選擇採取一連串的行動，壓力值從而大幅增加。沒錯，人人都說有害的可怕事情，其實是表示你正在實踐天命領導法。幸好天命和當中的意義會重新調整我們跟壓力的關係。

在天命與壓力下的冒險

壓力雖是個嚴肅課題，但在本章開端，我想說個好玩的故事。為了真誠領導力與天命學程的畢業學員，我經常促成三天課程的開設。前一陣子，為了讓幾位資深領導者共同參與其中一項活動，我決定週六下午帶他們搭船，我有艘小帆船停放在鄰近的湖泊。

在閱讀這則故事前，請先看看這群人的使命宣言吧。大部分的使命宣言在先前的章節已經提過了。

- 史黛西：「發起值得投入的戰役，讓頭髮往後飄揚。」
- 喬斯坦：「在不明朗又矛盾的情況下，為著重要的事情而成長茁壯。」
- 克莉絲汀：「把放風箏的人變成造火箭的人。」
- 米蓋爾：「成為說故事的隊長，照亮大家，改變世界。」
- 尼克：「讓你清醒過來，讓你終於獲得回家般的歸屬感。」

有著前述使命宣言的一群人，你覺得他們會置身於哪些類型的情境呢？會是安穩又冷靜的航行之旅？還是可能失去一切的瘋狂暴風雨？

荒丘湖（Bare Hill Pond Lake）是那種典型的新英格蘭地區的湖泊，有沙灘，有小孩在水裡玩，有遠處的帆船。我查了氣象，傍晚可能會有大雷雨。我說：「好，我們早一點出發，一切會順利的。」當中兩個人的駕駛帆船經驗豐富，哪會出什麼問題呢？此外，我的帆船是三體船，有一個主要船體，兩側是船殼密封的輔助船體，所以幾乎不可能會翻船。

我們帶著上等葡萄酒、壽司、其他必需品，在湖上啟程。我們搭著帆船，大家都度過美好時光，然後雲層開始聚集起來。我查看雷達應用程式，跟大家宣布：「現在就返航回家的話，應該沒問題。」克莉絲汀問了世界級帆船手喬斯坦，這艘船會不會翻船。喬斯坦回答：「幾乎不可能會翻船。」一分鐘後，每小時五十英里（約八十公里）的陣風襲來，船竟然慢慢開始傾覆！

葡萄酒、壽司、手機、大部分的人都被拋進水裡。幸好，結果只有三分之二的船體傾覆，背後的理由我永遠搞不懂。剛才問會不會翻船的克莉絲汀，如今倒掛在船上。我們對她說：「你該放手了，反正這艘船哪裡也不會去。」

同時，暴風雨重重打在我們身上，風浪逐漸增強。這期間，每個人都極其冷靜專注。我當時沒有察覺到一點，其實這群人當中，每個人抱持的天命，都有助在暴風雨裡保持冷靜。他們不只是冷靜而已，還變得比過去兩天更有活力，更處於當下。不戲劇化，不歇斯底里，不尖叫，就是以冷靜的聲音一起想出下一步該怎麼做。史黛西指著一艘快艇，向快艇揮著手，還一邊說：「這比搭帆船還要好玩多了！」

快艇停了下來，船上的人問：「需要幫忙嗎？」我們有兩個人游了過去，爬上快艇。我們這三位理應是經驗豐富的帆船手，現在卻茫然不知所措：「要怎麼做才能把三體船給翻回去？」

不可能會翻船的話，要把船給翻回去肯定超困難的。

米蓋爾領悟到一點，剛才吹的陣風達每小時五十英里，那麼只要再等下一個陣風就行了。米蓋爾想得比我透徹多了，我還卡在「船一開始怎麼會翻了」的念頭裡。米蓋爾和喬斯坦提議大家用體重讓船身傾斜，這樣就能翻回去了。船帆淹在水裡，喬斯坦把船帆往上拉，米蓋爾和我也跟著使盡全身力量去拉。

突然一陣強風吹來，我們慢慢做到了不可能做到的事，竟然把船身給拉正了。現在，在湖泊中間的我們，駕駛著一半都淹水的帆船，得在暴風雨全面襲來前回到最近的岸邊。龍捲風警笛開始大響，時間真的不多了。

我們一邊緩緩駕駛帆船，一邊把船裡的水給舀出來，最後終於抵達岸邊，把船綁在一棵樹上，希望暴風雨過後，船還會在那裡。快艇上的人載我們全速開到安全的碼頭。

等我們全都擠進車內，就異口同聲說：「我們再做一次吧！」一陣陣的大笑停了下來後，我才意識到這群人剛才做的事，正是他們天生要在人生裡做的事。他們的工作與天命把他們拋進這類情境裡，而他們從中茁壯成長。

我們離開岸邊，回到我家，結果發現一棵樹倒了下來，車道上有電線冒出火花。多數人見到這種場面肯定嚇壞了，但這群人可不會這樣，有個人冷靜把電線移到旁邊了。我們找到一些葡萄酒，當晚在外頭消磨時間，把剛才的冒險故事重講一遍，同時等待電力恢復。

我經常在學員聚會見到這群人，學員往往很想聽聽經驗豐富的畢業學員有什麼話要說。他們會說出這個冒險故事，逗得每個人大笑不已，還傳達出這個重點：「你喝著葡萄酒時會分享的故事，往往是最戲劇化、引起最多笑聲、也最神奇的故事，往往也是壓力最大又依循天命的故事。」歡迎來到天命帶來的表演，願你珍惜壓力，如同對待有才華的友人。

壓力是身體嘗試回應威脅

那麼，何謂壓力？有真實的或察覺到的威脅讓我們不得安寧，就會產生壓力。壓力感是身體在嘗試因應威脅。有好幾種方法可因應壓力，最常聽到的方法就是「戰或逃」（fight-or-flight）反應。

引發「戰或逃」反應的經典例子列舉如下：必須在一大群人面前發表簡報，發表前陷入驚慌；參加重要考試，腦袋一片空白；主管的上司在大家面前把我們叫到旁邊，此時全身發抖，舌頭打結；股市跌了，要把股票賣掉；我們的車子在不好的區沒油了，不由得想到最糟糕的狀況，此時有人走了過來，提議要幫我們。

無論是真實還是想像，壓力事件都會導致體內交感神經系統回以「戰或逃」反應。身體會製造出更多的皮質醇和腎上腺素，觸發心跳率加快，活力大幅增加，肌肉緊繃，血壓增高，流汗，有所警覺，這一切都是為了在實質受到威脅時，有助保護自己。為此，身體會進行平衡取捨，讓消化系統、免疫系統等不必要的身體機能減緩速度。因此，這種壓力高到一定程度，我們就會筋疲力盡，容易生病。

矛盾的天命：高壓反而讓身體更健康，死亡率降低

有了天命以後，會更容易進入壓力情境。正如凱莉．麥高尼格對我們的提醒：

如果你在自己的人生放上更廣角的鏡頭，把你經歷到高壓的每一天都去除掉，這樣是找不到理想人生的。你會發現自己也去除掉了有助你成長的那些經驗、你最得意的那

些挑戰、可定義你的那些關係。你或許得以免去一些不適感，卻也剝奪了一些意義。

試想，如果有人請你對以下宣言評分（一分表示非常不同意，十分表示很同意）：「考量了一切以後，我覺得自己的人生很有意義。」[2] 然後，對方請你判定你的人生中碰到多少件壓力事件。史丹佛和佛羅里達州立大學的研究團隊進行前述研究，對象是十八歲至七十八歲的美國成人，結果發現那些認為人生很有意義的人碰到的壓力事件數量並不是最少的，而是最多的。同樣地，在研究期間，承受壓力的人都指出，他們覺得自己的人生比當時沒有壓力的「幸運」傢伙還要更有意義。

麥高尼格根據這些資料和其他資料，做出以下結論：「投入於職務並追尋大目標來滿足使命感，壓力似乎是無可避免的結果。」

某項為期十年的研究，以英國九千多名成人為對象，結果發現高壓又有意義的人生可讓各年齡層的死亡率降低之三〇%。[3]

還有一點更添神祕性。蓋洛普研究員調查一百二十一個國家十二萬五千多人，對受試者提出以下問題：「你昨天覺得壓力很大嗎？」然後，研究員把壓力指數對應到各國的幸福指數、預期壽命指數、GDP指數。研究員還以為壓力指數高，其他指數會隨之低落，結果竟然恰好相反，壓力指數高的話，幸福指數高、預期壽命長、GDP高，各國情況皆是如此。壓力程度高，表示身體更健康、生活水準更高、社群意識更高。4

那麼壓力的負面作用又是怎麼回事？

挑戰應變讓你對壓力免疫

原來因應壓力的方法有好幾種。我們不會每次都回以「戰或逃」的反應。我們是有選擇的，大部分的時候，我們會選擇很不一樣的方法來處理人生事件。

研究員把常見又更有成效的壓力因應法稱為「挑戰應變」。當我們看著選手在大賽最關鍵時刻表現傑出，我們在觀看的就是挑戰應變。當你在工作時承受壓力，每個人都倚賴你，而你實現目標，就表示你是在挑戰應變。我那天在帆船上看到的，是每個人都完全站在挑戰應變的角度採取行動。良好的壓力會激勵我們起身應付事件，從而提升自信，促使我們好奇自己還能學到其他什麼事情。

我不是在說過去十年來的受訪者或共事者都不會花一堆時間以「戰或逃」模式來因應部分情況，畢竟我們全都是普通人。差別就在於，這些人一次次在某刻決定奔向亂局，而別人卻是避之唯恐不及。他們會把大家聚集起來，說：「我們一定做得到。」

天命有助我們以挑戰應變法來因應壓力，為什麼呢？你選擇哪一種因應法，背後的關鍵因素就在於你內心會評估自身能力是否能處理目前的情況。換句話說，如果你認為眼前狀況超乎你能力所及，那麼你就會產生「戰或逃」反應。如果你認為自己可以成功，就會挑戰應變。要把「戰或逃」轉變成「挑戰應變」，方法就是把重點放在你可掌控又可運用的資源上。

研究員發現以下幾種方法可幫助大家轉換到「挑戰應變」模式：

- 回想你成功處理過的類似試煉或困境
- 想想你關心的人們給予的支持
- 祈禱或相信別人也在為你祈禱

前述清單還可以列入這種方法：「考量你的天命或連結到你的天命。」根據我的訪談和第一手觀察，有許多案例都顯示，狀況一團糟的時候，進入天命室，就能以挑戰應變法來處理壓力。這類事情我經常聽聞過也目睹過，以下列舉幾個例子：

盧卡的使命宣言

釋放我和他人內心裡的完美海鷗。

考量我的天命，就能徹底轉變情況，我對自己的看法與採取的行動也會有所改變。我會不會重新落入內心的不安與恐懼？會的，然後我會回到自己的天命。以前，我會掌控大家，什麼小事都要管。有了天命以後，我就有了力量去真正領導。

強納森的使命宣言

為我關心的人們找出有效的解決辦法。

我把天命當成資源運用，並提出這個問題：「在這種情況下，我要怎麼實踐天命？」你專屬的空間可以幫助你回到中心。

漢娜的使命宣言

精通多種概念，做出美好的設計。

我仰仗天命。我往往是想也不想就埋頭去做一百萬件事。既然我的天命是做出美好的設計，那麼我就要往後退一步，製作心智圖，進行規劃設計。不要繼續處於恐慌模式。

德克的使命宣言

奔向未知，找出哨音位置！

基本上，我的天命就是迎向困難的挑戰。進入未知，造就新奇。跑入黑暗的森林，決心找出遠處的哨音。我跟團隊共同合作，會克服內心的焦慮，讓大家團結起來，一路上跨越重重阻礙，抵達我們的天命地。

所有的壓力反應都是大腦在設法讓身體做好準備，因應可能發生的危險。[5]無論是「戰或逃」的反應，還是「挑戰應變」的反應，心臟都會快速跳動，讓血液快速流經動脈。然而，「戰或逃」的反應會更激烈，因為身體會製造更多皮質醇。我們立刻活力十足，但同時免疫系統會關閉。此外，氣憤或恐懼的情緒隨之而來，狀況很容易流於惡化。

「挑戰應變」的反應會致使心跳率增加，但在這種情況下，脈搏加快會讓人覺得活力充沛。根據研究顯示，在高壓下表現得最好的時候，並不是「冷靜」的。然而，儘管在挑戰應變模式下會產生緊張感，還是會覺得很投入、思緒清晰，並對結果感到樂觀。對於可能發生的情況，我們興奮不已，冒險一試。那麼，壓力落到頭上時，體內會產生什麼樣的化學反應呢？差別就在於身體在挑戰應變模式下釋出的DHEA（dehydroepiandrosterone，脫氫異雄固酮）濃度更高。這種荷爾蒙會讓大腦有能力在碰到壓力情境時從中學習，並協助人體在壓力後復原。因此，以挑戰應變法來因應壓力，就能獲得必要的活力來克服壓力因子，甚至從經驗當中獲益。

我在那些高階主管身上還發現另一點，他們碰到更大的挑戰時，會有很高的動機要跟別人產生連結並讓別人一起投入。很少人會跟我談到單獨的或獨立的專注行動。選擇帶領別人共同挑戰應變，會觸發另一種荷爾蒙——催產素——釋出。有些壓力研究員會把催產素稱為勇敢荷爾蒙或勇氣荷爾蒙。科學家也有紀錄，催產素濃度升高時會有以下情況：

- 更想跟別人產生連結
- 更能察覺別人的想法與感受
- 同理心和直覺增加
- 信任度增加，更想幫助重要他人
- 恐懼與「戰或逃」反應減少

大家偶爾會經歷到這類情況，還會經歷到跟催產素有關的溫情效應。領導者一再選擇進一步跨入瘋狂情境，又是怎麼回事呢？根據研究顯示，大腦會從這類挑戰應變情境中學習。越是常經歷，在DHEA荷爾蒙的幫助下，大腦就會越快重組，挑戰應變的程度隨之增加。

心理學者稱為壓力免疫。由此可知，在壓力情境很普遍的專業情境裡（急診室、戰鬥、消防滅火），訓練內容重點在於反覆練習各種情境，這樣才能更輕鬆進入挑戰應變模式。做的次數越多，就越是自在。

對你我而言，那就好比每一天都是訓練日。

快速離開「戰或逃」的模式

只要我們落實天命並認出某個經驗對我們的意義，那麼無論再怎麼艱難，我們跟事件的關係都會隨之改變。我們原先覺得壓力很大，後來卻會變得專注落實天命。

麥克的使命宣言

不斷探尋方法來打倒巨人並改變世界。

假如「不斷探尋方法來打倒巨人並改變世界」是你的使命宣言呢？這樣一來，你對壓力情境會有何反應？現在來介紹麥克吧，這位領導者原本是以「戰或逃」反應來處理壓力，後來轉變成挑戰應變模式。

在麥克的眼裡，「探尋」就表示始終把人生當成一趟旅程在體驗，而不是為了抵達某個天命地。事情永遠沒有做完的一天，永遠都有另一個巨人要打倒。「打倒巨人」來自於他童年時期對電玩的熱愛，以及玩任天堂遊戲《拳王擂台》（*Punch Out*）的美好時光。到了十二歲的時候，麥克跟遊戲裡的拳王泰森對打得很精采，附近鄰居都會跑過來看他玩遊戲，幫他加油，就好像是現場拳擊賽一樣。他的天命和童年回憶跟以下有關：一路上不屈不撓、搏鬥、克服阻礙、做好事、享受其中。別人避之唯恐不及的艱困挑戰，他一直以來卻是很喜歡。「改變世界」指的是麥克一輩子都想帶來改變，而他也做過下列職務來傳達這樣的想法：他曾經在瓜地馬拉擔任和平部隊志工，目前在某家重要的基金會底下的慈善全球衛生發展機構任職。

麥克的童年充滿變動、轉變、不穩定。母親十八歲就生下他，父親是拳擊手，像拳王泰森那樣是職業拳手。他還小的時候，父母就離婚了。他經常居無定所，一再轉學，搬到別的社區，重新交新的朋友。當時他很辛苦去適應所有的變化，現在他碰到周遭情況有所變化，卻是處之泰然。根據史丹佛的凱倫．帕克（Karen Parker）的研究結果，早年承受的壓力不會讓人變得更脆弱，反而會讓大腦發展一些方法，減少恐懼反應，增強衝動控制力，產生正向動機。麥克就是這種現象的絕佳例子。在同處一室的人當中，他總是最冷靜的那個人。怪不得除了高爾夫球以外，他多年熱愛的運動就是拳擊了。他一週去健身中心兩次，還說：

「我覺得我沒辦法不做。」拳擊的心理專注力和生理紀律是他的核心所在。他那打倒巨人的天命，讓他能以有趣的方式練習拳擊，從而促使他去改變世界，而不是被這個世界給擊倒！

怕熱就不要進廚房，而麥克就是愛進廚房的那種人。要找出那種需付出極大活力和投入度又可從中茁壯成長的專業情境，對他而言並非一直都是易事。他說：「你不想處理燙手山芋，沒人想處理，但燙手山芋偏偏就是會找上你。」他曾經有個壓力很大的經驗，二〇一四年，他前去處理伊波拉傳染病。有好幾個月的時間，他一天要工作十二至十四小時，他活力十足，很有動力，在資深領導階層、執行團隊、西非現場合作夥伴之間，盡力做好溝通橋梁的角色。

唯有天命能把戰鬥的隱喻扭轉成有效的挑戰應變。然而，伊波拉的因應措施高峰過後，一連串的機構重組隨之而來，他喜歡的上司離職，於是「戰或逃」反應出來掌控局面。麥克徹底處於逃離模式，第一次放了三週的假。他「放假」的時候，不斷思考自己的天命。他意識到自己可以是變動情勢下的受害者，不斷逃避，也可以站出來領導，幫助他人。在那之前，麥克向來是優秀的副機長，卻永遠做不成機長。假如他待在目前任職的機構，就不得不成為機長，帶領大家進行重大的改變，從而在根本上改變機構的運作模式。執行長和高層團隊都認為他一定做得到，但他認為自己做得到嗎？他是佼佼者，是能實現一切、推動改造轉型的推手。他提醒自己：「做自己，展現真正的自我，忠於真正的自己。」

他度假前，我們倆聊了一下，我發覺他很想逃開，花一些時間反省。就我觀察，領導者覺得「戰或逃」反應氾濫到自己承受不了，往往就會出現這種模式，他們本能地跑去休息，讓自己有時間反省、透口氣。我們在那些時刻做的事情，不但透露出我們的本性，也左右了我們的人生走向。我們是會聽從天命的領導？還是會不斷逃避？我留意到受訪者都出現以下的情況：越是依循天命行事，從「戰或逃」到「挑戰應變」的週期時間就會越短。雖然我們無可避免會花一些時間處於「戰或逃」模式，但是天命會幫助我們更快速離開該模式。

在那三週的時間，麥克不只是反省自己的天命而已，他回想童年故事、內心熱忱、諸般試煉，看清了人生織錦畫當中的天命脈絡。他回首人生的故事和經驗，對自己的看法隨之改變。他的自我認同不再是成為優秀的副機長，他要以領導者之姿，落實天命。此後，他得以轉身面對未來，看清了引領著自己的脈絡，邁向引人注天命領導職務，而十八個月前的他肯定做不到這件事。當你清楚自己的真實面貌與首要天命，當你明確知道自己想去的方向，那麼你就能規劃出一條路來。麥克度完假，是這麼回報的：「幸好我的天命替我定下了標準。立基於此，有如身處中心。假如沒有穩固的立足之地，真不曉得自己能不能以同樣方式著手處理事情。」

今日，麥克留在場上，以有能力的領導者之姿，推動一件重大事項。他喜歡促進公司體制採取行動。他的重點就是幫助大家成長茁壯並充滿活力。他很清楚，必須放下過去的工作方法，才能掌握VUCA世界的全新運作模式。「不是每個人都能從顛覆型思維當中獲得活力，但我們確實必須處於那種思維才行。有可能會被吸入漩渦裡……我有了天命，就能控制自己。我有沒有忠於自己的天命？如果沒有，我可以重新調整自己，回到原來的樣子。」

你會不會想替麥克工作？在我認識的人當中，就屬麥克最親切、最冷靜。麥克做事俐落卻不急躁，注重行動卻不戲劇化，活力十足卻不過火，在我輔導過的數千人當中，他是上上之選。當然了，拋開「戰或逃」、選擇「挑戰應變」的絕佳例子，不只是有麥克一個人。只不過麥克剛好是我在本章挑選的例子。

假如麥克不曉得自己的天命，那他會變成什麼樣的人呢？我感覺到他一直受到天命之引領，但他認為自己原本可能會婉拒這個領導職務，轉去類似的領域，類似的機構，做他覺得自在的副手職務。他從未料到自己最終會擔任現在的職位，但要說我們在本書中學到了一件事，那就是**我們想要什麼，有什麼想法，天命其實都不在乎；有時，天命早就替我們計畫好了，我們要做的就只有凝神傾聽**。

大部分的人這輩子都不用去找壓力情境，壓力情境無所不在。我過去三十年從事「轉型」事業，輔導過的機構經常宣稱：「我們必須學著用更少的資源，做更多的事情。」公司想把更多的責任交付給更少的人員，而這世上沒什麼事能讓這種做法慢下來。我們居處的這個世界有著大量的裁員、架構重組、合併案。在某些方面，唯一能掌控的就是因應壓力的方法，畢竟一人兼兩職、全球各地的會議、一天二十四小時全年無休的電子郵件和文字訊息，這些事情短時間內不會就此消失。引領著你的天命正等著為你的資源賦予意義和信心，從而把不變的威脅轉變成機會。

在《輕鬆駕馭壓力》一書中，凱莉．麥高尼格提及某個多年前從事的研究，那項還是相當適用於今日的情況，清楚呈現出我們在今日職場上面臨的挑戰。一九七五年，芝加哥大學薩爾多．馬帝（Salvatore Maddi）博士說服了伊利諾伊貝爾公司（Illinois Bell Telephone，IBT）副總卡爾．洪恩（Carl Horn），研究團隊得以追蹤四百三十位主管、經理、高階主管，針對這些人對壓力的反應進行研究。一九八一年，研究進行了六年，IBT公司受到電話產業自由化的衝擊，採取了今日多數公司會採取的行動，IBT公司在一年內把兩萬六千名員工砍掉五成！[6]

今日，這種做法大家都很熟悉，但在一九八一年可說是幾乎前所未聞，應該也是有人首次經歷這種精簡人力的做法。記住，當時找到工作就是做一輩子了。

那些人員碰到了當時可以想見的最高壓工作經驗，馬帝博士及研究團隊追蹤他們的情況，而這項在一九七〇年代所做的一般公司壓力研究，在後人眼中成為重大的研究。其實，研究團隊持續追蹤四百三十人長達十二年，直到一九八七年才告終。研究團隊進行年度心理問卷調查、訪談、績效觀察，甚至是健康檢查。

約有三分之二的受試者呈現「戰或逃」反應，受苦於績效不佳、沮喪、身心俱疲、肥胖、心臟病發作、離婚，還有其他許多有害症狀。然而，其餘三分之一則是成長茁壯！明明是同一種狀況，卻觸發了截然不同的反應。這三分之一的人就算遭到解雇，不得不去找新工作，卻還是身體健康、精力充沛、績效傑出。早在「挑戰應變」一詞流行以前，馬帝就已經在從事這樣的研究了，他把觀察到的現象命名為「**堅毅**」，也就是有勇氣從壓力中獲得成長。

他針對「堅毅」人員的特點所做的觀察，你讀到現在應該會覺得很熟悉吧。他的觀察結果符合我所見，呈現出天命引領著我們時會有的情況。ＩＢＴ公司三分之一的經理人在困境中存活下來並成長茁壯，而且都具備以下態度：

- 壓力是冒險的一部分，也是成長與意義的所在之處。沒有壓力，就沒有意義，沒有成長。
- 無論感覺有多糟糕，這個世界都不會結束。壓力有如天氣，只要等得夠久，就會有所變化。
- 碰到難關，別人避之唯恐不及，我們還是要保持全神貫注，這才是標準做法。
- 我們向來都有選擇，都有資源。在最糟糕的情況下，如果情況不會改變，始終還是會有能力找出一線希望：「我面對困境，成為更優秀的人。」

正如麥高尼格所說：「抱持這類態度的人會以不同方式因應壓力。他們在壓力下更有可能採取行動，跟別人產生連結。他們較不可能變得懷有敵意或自我防禦。他們也更有可能照顧好自己，在生理上、情感上、精神上都把自己照顧好。他們會在內心儲備力量，日後面對人生中的挑戰時，就有力量支持著他們。」

我希望各位開始明白一點，壓力不見得是壞事。有天命的人生，不會是無壓力的人生。下次你真的覺得壓力很大的話，看看後照鏡吧，或許你的天命正朝你微笑呢。

思考要點

天命與壓力練習：

- 找出你的人生中有哪件事有意義又帶來一堆壓力。
  - 為什麼這個活動、這段關係或這項專案對你那麼重要？
  - 如果你突然失去這個有意義的根源，會有什麼影響？
  - 這跟你的天命有什麼關係？

- 想想你人生中參與過的活動，有哪些活動是天命極其遠大的。
  - 有沒有壓力？
  - 跟壓力沒那麼大的活動相比之下，壓力經驗有何不同？
  - 假如有機會重做一遍，你會重做嗎？為什麼？

第 13 章

放棄易行的歧途，選擇難走的正道

願我們對真誠處事與清晰思維的敬意更加深重，願我們對偽善與虛偽的厭惡毫不減損。願我們獲得支持，努力超越平庸人生。願我們放棄易行的歧途，選擇難走的正道，有機會縱覽全貌，絕不會獲得一半的真相就心滿意足。[1]

——西點軍官學員禱詞

各行各業的領導者與高階主管，我差不多都輔導過了，不過站在美國西點軍校教職員面前的經驗，可說是畢生難忘。與會的四十人當中，約有半數是職業的教育工作者，另外半數的人是從事三年派駐任務的現役軍官，他們不但要取得頂尖民間學士學程，還要花兩三年的時間教書或者負責帶領一個連，一連約一百三十名的軍官學員。就算他們的情況在許多方面都很獨特，但是這群人和我面對過的領導者都具備以下的特質：長久以來，天命一直引領著他們，只是他們不是很確切知道自己的天命是什麼。

主持人湯尼・伯吉斯（Tony Burgess）上校——我們學程的畢業學員，西點軍校領導者培養與組織學習促進中心主任——把西點軍官學員禱詞給了我和我的團隊。湯尼做得很對，我需要看看這份文件。那天之後，有一句話一直留在我的腦海裡：「放棄易行的歧途，選擇難走的正道。」這句話呈現出使命感的意義所在。

天命面對未知會指引正確方向

我跟全球各地各行各業領導者的對話和訪談，揭露出令人訝異的共通體驗。他們不只是在旅程中放棄易行的歧途，選擇難走的正道，在個人層面上，也是採取同樣的態度，以明確的天命面對未知。天命明確，就能做出重要決定，那決定在別人眼裡看來冒險，卻能讓他們獲得「終於回家般的歸屬感」。在今日的世界領導他人，很少有什麼能比天命帶來的效用還要更有價值。

畢業學員告訴我們，在沒有實際資料的情況下做出的重大決定，都是那種「天命會造成最大影響且帶來明確與信心」的決定。**天命有如指南針，向我們指出了內心深處的真貌**。身為領導者的我們花了大部分的時間落實優良的管理，認為重點是取得所有資料，認清哪條路最合理。另一方面，真正的領導——對自己、對別人的領導——是去別人不去的地方。那裡可能沒有路，而我們沒有往日的經驗或知識可以站穩腳步。

大家全都會做一項重大的決定，那就是選擇從事哪個職業，要接受某個工作還是要婉拒。我在西點訪談的每位軍官學員，在人生中很早就做出明確的選擇，這有其長久的意涵。要是選擇當職業軍人，賺的錢肯定不如同儕。在大多數的情況下，也不太能掌控工作內容或任務內容。沒辦法說離職就離職，可能每兩、三年就要調動，不管有沒有家庭都是如此。

「幸運」的話，可繼續接受艱鉅的部署，眼見傷亡在眼前發生，然後平安回家。這些男女當中有許多人都參與過多次部署任務，有些人因而終生殘疾。幾乎每個人都曾經失去過同僚。

多數人永遠不會做出這樣的犧牲，我們也不會，但這不是此處的重點所在。請回想你做過的艱難決定，在做決定以前，全部資料都齊備嗎？沒人是資料齊備了才做決定的，但只要覺得對了就是對了。即使情況變得瘋狂，我們還是知道自己是不是放棄易行的歧途，選擇難走的正道！

人人都能回首自己的人生，回想起自身的決定影響了自己和旁人的那些時刻。選擇難走的正道，就能望見內心深處，採取的行動也能彰顯出真正的自己。易行的歧途永遠是能力所及的範圍，我們還以為人生會變得「比較輕鬆」。然而，很多人終日希望自己當初能把天命心聲給聽進去。

有了天命，就更「知道」自己需要做什麼事，而整個世界都叫你去做別件事的時候，格外需要有天命才行。

對抗主流世界觀，打造更美好的世界

我們敬重的人物——我們心目中的「偉人」——達成的事情在當時多半是不合理的。當他們決定去做的時候，別人都覺得那可不是什麼好主意。此外，他們具備的獨特天賦更是我們現在就能輕鬆認清的。伽利略、莫內、海倫凱勒、曼德拉、甘地、林肯、羅斯福總統、羅莎·帕克斯、賈伯斯、亨利福特……他們全都對抗主流的世界觀，而打造出的事物，更是讓這世界變得更美好。每個人這輩子都必須面對及回答以下問題：「我必須做出的『難走的正道』的決定是什麼？必須採取的行動是什麼？」

普利拉娜·伊薩的使命宣言

促成世界邁向正面的改變，尤其要幫助女性。

普利拉娜·伊薩（Prerana Issar）選擇了難走的人生正道。當初見到普利拉娜，她很不快樂。她在印度長大，任職於人資部門，接受了位於倫敦的全球職務，預期自己能在公司裡快速晉升。她那三歲的女兒問她，為什麼她那麼常出差？為了女兒、為了自己，普利拉娜想要給出個叫人服氣的答案，卻給不出來。普利拉娜到處尋找，終於找到兩個很有意思的工作機會。最合理的選擇是那份可待在倫敦的工作，在世上知名消費產品品牌，擔任歐洲地區人資主任。這樣她以後就能接下大型零售商的人資主任職務，或者將來就能回到印度。此外，開心定居在倫敦的話，她丈夫和孩子也會很高興。

另一份工作是很大的風險，而且普利拉娜和孩子不得不住在義大利羅馬，她丈夫要在倫敦和羅馬兩地往返。普利拉娜規劃的合理職涯進展就要先擱置一旁。此外，做這份工作需要經常前往極其危險的地方。這份工作是聯合國世界糧食計畫署（World Food Programme，WFP）的人資長（CHRO）。世界糧食計畫署是世上規模最大的人道援助機構，提供糧食給世界各地的聯合國難民營，以及戰區與危險局勢下的數百萬非難民。柏林、巴黎、哥本哈根的時髦區咖啡館，她沒辦法去，反而得去南蘇丹、敘利亞、約旦、尼日，還有最弱勢的民眾居住的地方。二〇一七年，世界糧食計畫署提供七十億美元的糧食援助，占全球糧食援助的六〇％。

這個人資職位要擔負好幾個不尋常的責任。世界糧食計畫署總部的牆上掛著名牌，列出殉職員工。世界糧食計畫署的員工在被轟炸的地區或人質劫持事件頻仍地區，想盡辦法餵飽民眾，而普利拉娜的其中一項職責就是減輕員工在危險局勢下應負的謹慎責任。

一般人會推卸責任，希望那些需要做的事情會有別人去做，但那些領導者一再對我說，有了天命，正當的事就變得明確起來。沒人對我說天命會讓人生變得輕鬆起來，但是有了天命，事情就變得清楚了。度過許多失眠的夜晚，惹得一堆人不高興，這些都是實踐天命型領導時會經歷的過程。

普利拉娜掙扎不已，不曉得該接下哪個職位。在全球公司工作會讓她丈夫和孩子都很快樂，薪資也很優渥。站在為人母的立場，這份工作很吸引人。另一方面，能在一家從事高尚志業的機構，應用自己的專業能力，令她興奮不已。就算未曾在人道援助機構工作過，就算這個舉動很冒險，她還是很興奮。她列出所有優缺點，也做不出決定。請旁人提出意見，也沒有幫助。

我對她提出一個簡單的問題：「如果是你的天命負責做決定，那麼會接下哪一份工作呢？」

普利拉娜的使命宣言是：「促成世界邁向正面的改變，尤其要幫助女性。」普利拉娜十四歲就氣得決定貼海報質疑印度種性制度法律，更危險的是，她跟朋友是在宵禁時間張貼海報的。幸好她沒被抓到，但從這項舉動就能看出她願意冒很大的風險去做正確的事情。

所以當我對她提出那個問題，她露出微笑，因為她意識到下決定其實很簡單。世界糧食計畫署的服務對象有八〇%是女性和小孩。[2] 離開近二十年的職涯，去羅馬的世界糧食計畫署任職，還有什麼能比這個更充分落實她的天命？

去世界糧食計畫署工作，可說是重大的調整。頭十八個月每天都面臨挑戰，普利拉娜碰到的問題是先前在公司任職時未曾碰過的，缺乏的資源是未曾經歷過的。我們每隔幾個月會聊一下，她頭十分鐘都在強調，要完成必要的工作，有多麼不可能、有多麼瘋狂。之後，她會回想這份職務有多偉大，此時此刻，那是她能落實天命的絕佳場所。

普利拉娜做出這個決定，就表示無法經常見到丈夫，她孩子也無法如她所願經常見面。**天命不會讓人生變得輕鬆**。有意義、有影響力的人生就是如此，而且許多時候「看起來」不正常。此外，普利拉娜面對了一般人資不該處理的問題，伊波拉病毒爆發，數百萬敘利亞難民移居，沒人預測到這些事件的發生，世界糧食計畫署和她的能力受到挑戰。世界糧食計畫署的設立是為了一次處理一個重大危機，在那幾年卻是一次要處理五、六個危機。世界糧食計畫署的同事替普利拉娜取了個綽號——「勇士女士」。

普利拉娜不後悔。她對我說，她是在努力「大規模」落實天命。歡迎見識VUCA世界的領導力。

在最關鍵的時刻，選擇難走的正道

艾弗瑞特．史班的使命宣言

發揮天賦，敬愛上帝和家人，提升世界。

回來談西點軍校。艾弗瑞特．史班（Everett Spain）目前在西點軍校行為科學與領導力學系擔任系主任。他的人生旅程是一連串的「放棄易行的歧途，選擇難走的正道」。艾弗瑞特的天命是：「發揮天賦，敬愛上帝和家人，提升世界。」

含有「上帝」與「愛」的使命宣言，是本書首度提及，值得稍微離題談一下。想來很有意思，無論是世上哪個角落，都有人為了這兩個詞彙努力奮鬥。每個人都有一些詞語對自身具有深刻的意義。有效用的使命宣言所含有的詞語，在別人看來多半沒什麼道理。對某些人而言，「上帝」和「愛」這兩個詞語最是重要，若是如此，就必須實踐。記住，詞語本身並不重要，重要的是詞語在我們眼裡的意義，那意義就是我們的天命。

當時我們輔導的對象是西點軍校教職員，起初我很訝異，他們的使命宣言當中有一半用了「上帝」或「愛」的詞語。這兩個詞語很少出現在企業界的使命宣言。然而，如果從事的工作有可能會造成終生殘疾或遭到殺害，那麼使命宣言的中心是其中一個詞語或兩個詞語都用，就十分合理了。類似的模式可能也會出現在神職人員的團體裡。這兩種職業都是應著上天的召喚。

艾弗瑞特．史班以班上第三名之姿從西點軍校畢業，跟大家一樣沿著事業的階梯往上爬，第八十二空降師和遊騎兵學校只不過是人生旅程當中的一部分。他在科索沃和歐洲地區負責指揮，家裡有妻子和四個小孩，可見得生活十分忙碌。在他的「難走的正道」的決定當中，最重大的決定就是在增兵伊拉克期間擔任裴卓斯（David Petraeus）將軍的侍衛官十九個月。他連續好幾個月都見不到家人，回家停留的時間也很短暫。天命不一定會讓人覺得自在。當他正要朝將軍之路邁進，卻決定左轉，不顧旁人的意見。雖然他沒有離開軍隊，但是對多數人而言，看起來就跟離開軍隊沒兩樣。他決定進入學術界，拿到企業管理和領導力的博士學位。他做出這個決定，就表示上級不會再把他納入晉升人選。我們現在可以回頭去看，事後諸葛地說，從他目前的職務看來，他做出了很好的選擇。

艾弗瑞特對於這個選擇認真思考許久，不過很多時候「難走的正道」的決定——這種決定會影響到自身和旁人——是那個當下必須選擇的決定。在攻讀博士學位期間，他決定接受訓練，去跑波士頓馬拉松。二〇一三年四月十五日，艾弗瑞特參加波士頓馬拉松，擔任史蒂夫・薩伯拉（Steve Sabra）——五十八歲視損工程師與友人——的導盲人員。「第一個炸彈爆炸的時候，他們距離終點線一百公尺左右。史班上校把薩伯拉先生拉到終點線後面，交給另一位支援小組成員，然後衝到第一個爆炸地點處置傷者。他拿自己的上衣當成止血帶，替某位傷者止血，同時安撫傷者那心急如焚的女兒。接著，史班上校移往別處協助其他傷者，再去尋找有沒有受害者受困在殘骸中，或被殘骸給壓住。然後還負責疏散建物裡的人群，他認為有人在那裡縱火。」[3]

他在醫療站的帳篷裡看見一位女性，她四肢有多處受到重傷，還有嚴重的燒傷。她一個人待在推床上，蒼白發抖。他用一條毯子蓋住她，安撫她，握著她的手，還陪她搭救護車前往波士頓醫療中心，一路上穩定她的情緒。[4]

一年後，艾弗瑞特・史班榮獲陸軍士兵勳章，那是美國陸軍表彰非戰鬥局勢英勇行為的最高獎項，多位倖存者連同親屬一起出席頒獎典禮。雖然他往往避免成為眾人矚目的中心，但是在典禮上不得不發表演說。演說內容呈現出他在抉擇的時刻如何實踐天命，在此摘錄如下：[5]

首先，我不是英雄，我只是努力成為得體的丈夫、父親、同學、同事、市民、軍人、朋友，但常常不合格……

我不是英雄，我是軍人。現在還在服役或即將穿上軍服服役的每一位軍人，還有軍眷，他們肯定也會像那天的我一樣，做出相同的舉動，甚至做得更多。我們就是會做出那樣的舉動。此外，各行各業無以計數的民眾肯定也會做出相同舉動，很多人也確實付諸行動……

好幾個人問我，為什麼你會跑向煙硝之地？這個問題難以回答。我只知道一點，我這輩子的人格養成，受益於他人的投入。

跑向煙硝之地的，是史班家的人。小時候，我爸媽以身作則，為人正直，有誰無法為自己挺身而出，就會為他們挺身而出。

跑向煙硝之地的，是童軍團。他們教我要每天助人。

跑向煙硝之地的，是教會。他們教我要願意為了別人，放下自己的人生。

跑向煙硝之地的，是西點軍校。他們教我要無私服務，盡職盡責。

跑向煙硝之地的，是哈佛大學。他們期望我成為領導者，為這世界帶來改變。

跑向煙硝之地的，是美軍。他們教我永遠不可拋下倒地的同袍。

我可以坦率地說，跑向煙硝之地的，不是我。那天，跑向煙硝之地的，是銘印在我身上的價值觀，是我的信念、家人、朋友、良師，是長期以來眾多的人格養成機構，是我們的美國精神，把那些價值觀銘印在我身上。

最後，我以幾點觀察做為結語：

- 黑暗：黑暗是什麼，我不太清楚，但我知道**光明可以戰勝黑暗**。
- 恐懼：恐懼是什麼，我不太清楚，但我知道**希望可以戰勝恐懼**。
- 憤怒：憤怒是什麼，我不太清楚，但我知道**原諒可以戰勝憤怒**。
- 不足：不足是什麼，我不太清楚，但我知道**恩典可以克服不足**。
- 憎恨：憎恨是什麼，我不太清楚，但我知道**關愛可以克服憎恨**。

我們的天命往往不會等著我們提出這個問題：「在這一刻，採取什麼行動最符合我的天命？」不過，就算艾弗瑞特不曉得自己的天命，他在那一天肯定還是會採取同樣的行動。他的行動傳達出了那個引領著他的天命。那天，終點線有許多民眾幫助傷者，也有一些民眾沒有幫忙。真希望我能知道每個人的天命，看看天命對人採取的行動帶來何種影響。艾弗瑞特的職業和經歷顯然讓他能以有別於多數人的心態行事。假如你希望波士頓馬拉松的終點有人能在適當的時刻，秉持著正確的天命，那麼肯定很難找到有誰的天命會比艾弗瑞特的天命更有助益。我寫著這些文字的同時，艾弗瑞特正在負責培訓西點軍校四千位軍官學員的領導技能。這件工作至關重要又困難重重，艾弗瑞特必須每天落實天命，實踐天命領導法。

本章提及的幾則故事——尤其是艾弗瑞特的故事——提出了以下問題：「勇氣與天命有沒有關連？」別人逃離爆炸現場的那一刻，艾弗瑞特顯然展現出勇氣，並且因此榮獲勳章。記住，當時沒人知道有多少個炸彈會爆炸。感謝老天，這類事件並未經常發生。哲學家丹尼爾・普特曼（Daniel Putman）把勇氣分成以下三種：[6]

- **具體勇氣：**冒著自己的生命危險，採取無私舉動。艾弗瑞特的行動正是具體勇氣的例子。我以為勇氣只有這一種，直到前陣子才改變看法。
- **道德勇氣：**面對重大又負面的社會後果，還是做著倫理上正確的事情。不顧同事反對，舉報公司政府不法情事的人就是做出正確的事情，展現出道德勇氣。我尚未有幸親眼看到這種情況，若能訪談這些人，了解他們的行動和天命之間有何關連，肯定很有意思。
- **心理勇氣：**儘管內心害怕遭到拒絕、羞辱或一敗塗地，還是採取行動。普利拉娜決定離開可預測的公司人資職涯路線，轉換跑道，成為世界糧食計畫署人資主任，這正是心理勇氣的經典例子。在尼克・布萊熙的故事（第十章），他只上了六個月的荷語課，就要在荷蘭舉辦為期一天的課程，教導四百名員工，這項任務可能會嚇到很多人。多數人都很清楚那種發表重大簡報前的感受，此時正需要心理勇氣。

我經常在學員身上看見心理勇氣。我們在人生中都有恐懼，許多恐懼毫無道理可言，畢竟別人在我們身上看到的是外在的成功。我們在學程初期會提出這個問題：「你有哪個部分是多數人看不到、卻是你真實面貌的關鍵部分？」從學員的回答就可看出，大家都忍受著別人看不到的恐懼過日子，而內心的恐懼形形色色。其中一個最普遍的恐懼就是「冒牌貨症候群」，也就是害怕別人隨時會過來跟你說：「你其實不屬於這裡。」要不是我輔導過的高階主管多半有這種感受，否則光從外表看，沒人可以想見會有這麼多人帶著恐懼過日子。那些高階主管都是成效高又有能力的人。

然而，我一再聽到同樣的故事，只是版本不一樣罷了。我們全都必須做出選擇，是要任由內心的恐懼衝撞我們？還是要依循天命行事？聽了人們訴說使命感的故事，就會發現天命顯然無法驅走恐懼，天命只是幫助我們忽視恐懼，採取行動。如果內心擁有的就只有恐懼，那麼恐懼就贏了。如果能察覺到內心深處的天命，就能「實現天命」。從普利拉娜當時的職涯看來，那份工作沒有那種可視為成就的未來機會，她卻有心理勇氣接下那份工作。接下來四年，她面對了世界糧食計畫署有史以來最艱鉅的處境，伊波拉病毒爆發、敘利亞內戰等。

只用腦袋做事，勇氣不會出現，用「心」才會

何謂勇氣？在多數人的眼裡，無論怎麼去定義勇氣，都覺得勇氣是別人才有的，我們很少覺得自己有勇氣。旁人說：「哇，好勇敢！」我們往往會這樣反應：「不是啦，我只是做了該做的事。」或者說：「如果你知道我做的時候有多害怕，肯定就不會覺得我勇敢了！」如果有人回答：「對，我很勇敢！」那麼這種人你應該避而遠之！

自從亞里斯多德和柏拉圖的時代起，哲學家一直在談論勇氣，但到了前一陣子才有明確的定義興起。克里斯多福．雷特（Christopher R. Rate）的學術事業多半在試著去定義勇氣。他檢討勇氣的所有定義和許多案例，還跟研究團隊合作，進行一系列的研究，探討大家在日常生活中對勇氣的看法，藉此讓大家對勇氣產生共同的了解。團隊的研究結果不僅是提出定義，還列出勇氣的關鍵特性。在他研究的勇氣定義和案例當中，有以下常見的特性：

- 行動是自由選擇所致。
- 冒著個人極大的風險或危險，去嘗試或完成行動。
- 個人努力實現高尚的或值得的天命（某件重要的事情處於成敗關頭）。

如果把普特曼的「心理勇氣」和前述特性結合起來，就會發現自己置身的這個世界，是你我每天都要應付的。人人都有機會做出選擇，採取自己心目中認為是高風險卻能深切傳達天命之行動。知道自己的天命，就更能看清什麼是易行的歧途，什麼是難走的正道。

大家都列過比對清單吧，就算分別列出優缺點，但是對於必須要做的選擇，卻是少有助益。我們並不是在列出優缺點的理性世界裡做選擇，courage（勇氣）的字根是拉丁字的 *cor*，意思是「心」。**如果只有腦袋參與決策，那就不會有勇氣出現。心要上場參與，勇氣才會出現，而且只有心才知道什麼是重要的。**

你上一次因為某件事真的很重要，所以就去說了、做了那件危險的事，那是什麼時候呢？我們有自己的價值觀，但行動背後的催化劑是什麼呢？我跟眾多領導者討論以後，覺得是天命引領著我們，而回首我們勇敢行事的時刻，更是有利於釐清天命。天命會參與心和腦之間的討論，向我們展現出那個往往最危險最可怕的答案。在那一刻，我們必須做出選擇。有時，事後看來，早知道就該要傾聽「內心的聲音」。我們能給自己的真正禮物，就是每天都向自己證明自己是勇敢的。最好的一條路是別人看不見的那條路，但是沿著那條路走了以後，心裡頭就會明白了，要做到那些每天要做的事情，就必須落實天命才行。

接下來要討論天命對快樂造成的影響。現在已經知道天命是怎麼讓我們連結到勇氣，那麼還有空間容納快樂嗎？

思考要點

1. 你以前是何時放棄難走的正道，選擇易行的歧途？你希望當初在哪方面能採取不同的做法？
2. 別人希望你選擇的易行歧途是什麼？
3. 你以前是何時選擇難走的正道？一段時間過後，帶來什麼影響？你是怎麼知道那是難走的正道？
4. 你此時此刻正在面對且寧可拖延的難走正道是什麼？
5. 你對難走正道的渴望展現出你什麼樣的真實面貌？引領著你的是什麼天命？
6. 你何時曾像艾弗瑞特那樣，不轉身逃避，反而「跑向煙硝之地」？為什麼你會那樣做？
7. 你上次因為某件事很重要而去冒險，那是什麼時候？這展現出你帶給這世界的是何種獨特天賦（亦即你的天命）？

第 14 章

不一定更快樂，但會活出意義來

人生中的真實喜悅，就是為你心目中的宏大天命竭盡心力；就是在你被丟到垃圾堆以前鞠躬盡瘁；就是化為自然界一股強大的力量……不要化為狂熱又自私的一團小病痛與牢騷，抱怨這世界沒努力讓你快樂起來。[1]

——蕭伯納

前段文字描繪出實踐天命領導法會致使快樂人生的嚮往難以實現。我們居處的這個世界著迷於快樂，快樂已經成了一門產業，在 Amazon.com 搜尋，就會找到十萬本以上的書籍跟快樂有關。

天命不會讓你更快樂，但會更有意義與成就

多數人都以為只要天命明確並落實天命，肯定就會獲得快樂。然而，說也奇怪，天命會迫使你延後快樂，引領著你去造就你心目中具有深刻意義的重要事情。我們全都心知肚明，此刻讓我們快樂的事物其實可能不會為這世界帶來正面的影響，而我們因此帶著內在張力在過日子。前一章探討的內容是放棄易行的歧途，選擇難走的正道。你可以說本章的內容是闡

述為何有些事情是「難走的正道」，為何有些事情是「易行的歧途」。「難走的正道」往往較有天命。在此有個核心的問題，我們是專注於實踐天命領導法？還是專注於保持快樂？兩者會分別造就出截然不同的結果。

天命好比是眼鏡，我們戴上眼鏡觀看，在人生中創造出意義來。有時，同時也會創造出快樂來。或者，正如維克多・弗蘭克（Viktor Frankl）在《活出意義來》一書所言：「快樂必然發生，成功必然發生。不要去在意，要任由它自然發生。」[2] 凡是想了解有意義、有天命的人生能帶來什麼，該書是絕對必讀。

對某些人而言，快樂和做有意義的事之間的張力狀態，就屬為人父母這件事最能展現出來。無論你有沒有小孩，都希望你可以體會這個隱喻的意思。研究員研究了有小孩和快樂之間的關係。舉例來說，經濟學者安德魯・歐斯沃（Andrew Oswald）調查了數萬對有小孩和沒小孩的配偶，探討為人父母這件事對父母帶來的影響。[3] 珍妮佛・希尼爾（Jennifer Senior）為《紐約雜誌》撰寫〈喜悅但不愉悅〉（*All Joy and No Fun*）一文，文中提到了她跟歐斯沃的對話內容：[4]

> （歐斯沃）起碼是傾向用更正面的角度去看待他蒐集到的資料：「資料透露出的訊息是小孩不會減損你的快樂，也不會增加你的快樂。」他對我說，除非有兩個以上的小

孩，否則情況就是如此。「此外，該研究呈現出比較負面的影響。」

如欲更深入了解孩子對父母的影響，請閱讀希尼爾撰寫的《你教育孩子？還是孩子教育你？》值得一讀。希尼爾詳細鑽研好幾項為人父母現實狀況的研究結果，還說明了為人父母這件事在過去幾百年間的大幅變化。我讀著希尼爾的著作，想到了當時十三歲的女兒姬莉。我每週都會帶她去餐廳用餐，頭五分鐘她對我連番轟炸，然後再變成正常人。我還想起了前妻打來某通讓人難過的電話，說我們的女兒芮妮發生車禍，她最好的朋友因此過世了。我還突然想起了那次駕駛帆船的假期，對船上的人來說，那簡直不是在度假（帆船上有一堆尖叫哭喊的聲音，根本不是在度假）。我想起了一家人去蘇格蘭旅遊，當時在荒郊野外，我把車子停到路邊，走出車外，開始走回波士頓，而女兒們每次說起這件事就笑。那些冒險故事我說什麼也不換。

為人父母，各有種種的冒險、喜悅、悲傷。看著小孩長大成人，從中感受到的深刻意義和滿足感是無價的。我從來不覺得有哪一年過得好，哪一年過得糟，每一年各有驚奇（和瘋狂）之處。珍妮佛．希尼爾做出以下結論：「嚴格說來，如果為人父母以後就變得不快樂，不當父母的話應該會比較好過。然而，如果是用自己感受到的動力與意義去衡量快樂，那麼沒監護權的家長就輸了，畢竟是失去了養育子女這件可帶來天命與回報的事情。」

實踐天命領導法有如養育小孩，有時那是件艱難的工作，而在那個當下，我們不去做那件此時此刻能讓我們快樂的事情，而是選擇去做更有意義的事情。自己有時差還得去小孩的學校看戲劇表演，開車帶小孩去參加運動比賽，整理小孩房間時找到一袋聞起來像奧勒岡葉的東西，以冷靜的態度要小孩坐下來談，無論是前述哪種情況，都不是為了快樂才做的，都是因為重要才做的。

天命召喚你做重要的事，帶來滿足感

我們實踐天命領導法，就是為了比自身更宏大的事物去努力。我們把滿足、快樂、睡眠給延後了，因為較有天命之行動會有更深刻的影響，叫我們放不下。就好像為人父母的情況，我們的天命會讓我們踏入艱鉅的情勢並堅持下去，多數時候並沒有感受到「快樂」，但回首自己一直以來的參與，卻獲得了深刻的滿足感。

萊恩・韋洛的使命宣言

成為人生的嚮導，訴說重要的故事，並肩漫步，指出有趣的事物。想不想拍照，自行決定。

萊恩・韋洛（Ryan Whitlow）的使命宣言完美展現出人生旅程是放棄了讓我們快樂的事物，選擇了重要的事物。他的使命宣言如下：「成為人生的嚮導，訴說重要的故事，並肩漫步，指出有趣的事物。想不想拍照，自行決定。」萊恩講故事的功力是世界級的。他從故事中思考。他認為自己肩負雙重責任，一要體驗人生，二要訴說人生。

講故事是萊恩擅長的技能，他有很多故事可描述他身為領導力培育主管是怎麼把天命應用在工作上，至於展現出天命與快樂之間的張力狀態，是他私人的故事。他不想對我說他職場上的故事，非得講別的故事把我們倆都弄哭。他的天命讓他做好準備，去做一件比快樂還要重要許多的事。

萊恩心目中最珍貴也最難應對的關係，就是他跟女兒艾施莉的關係。艾施莉有嚴重心智障礙，也有肢體障礙，已氣切並以鼻胃管餵食。多位醫生表示，她的預期壽命只有六至七歲。他人生中最偉大的良師也許就是這段陪伴女兒的旅程，他要協助女兒學會去做一些她以為自己做不到的事。然而，隨著艾施莉長大成人，萊恩和妻子一天二十四小時全年無休的照護已到達極限。他女兒需要的身心照護，是給再多的愛也彌補不了的。他回想當時情況：「艾施莉再也不能跟我們一起住在家裡，不得不送去特殊照護中心，那是最痛苦的時候。」萊恩說著故事，他和我都忍住眼淚。他當時有多痛苦，身為人父的我簡直不敢想像。

幾年後，艾施莉過世，二十七歲。你可以說萊恩的天命在這部分的故事並未顯現出來，送女兒去州立機構，後來女兒還過世，簡直是悲傷又痛苦的故事，怎麼可能有別的什麼？不過，這不是故事的結局。

天命有其現身的時機，它不請自來，敲我們家的大門。假如你有個像艾施莉那樣有特殊需求的小孩，就會認識遭遇類似的其他家長。萊恩對我說，特殊需求兒童長大成人，監護家長年紀大到再也照顧不了，就會導致社會問題。艾施莉居住的中心至關重要，可以讓每個人都活得有尊嚴。

艾施莉過世兩年後，萊恩突然接到一通電話，是那些有小孩住在中心的家長。州政府決定關閉中心，全體家長聚集起來，要構思出最佳做法，說服州政府繼續經營中心。這群家長做出「決定」，認為萊恩應該跟州議會對談並說服議員。萊恩還在努力擺脫那種失去艾施莉的痛苦，不想回頭重新經歷這段旅程。不管你有沒有小孩，都能體會到萊恩對這項不受歡迎的要求會有何反應。然而，許多時候，**天命才不在乎那個當下有什麼會帶給我們快樂，天命會召喚我們去做重要的事情**。

萊恩決定跟艾施莉聊一聊。「所以我去了她的墳前問：『妳希望我怎麼做？』我得到的回應是：『你的天命是什麼？』……成為嚮導……負起責任撫養身心障礙兒童的情況，政治人物是不明白的。我去拜訪州長和議員，把自己的故事告訴他們：『我來到這裡，是要跟大家說明，怎麼樣才能幫助身心障礙兒童，也讓大家體會到害怕的感受，我們怕照顧不周，怕受到虐待，怕沒人幫忙。』我從訴說自身故事當中，獲得了莫大的力量。」

只要傾聽天命心聲，天命就會變得強大起來。如果你的大目標是獲得快樂，那麼你永遠想像不到的事，永遠不會決定去做的事，天命都會叫你去做。那天在女兒墳前，對萊恩「說話」的人是誰？我們可以為這個問題爭論不休，但真正的重點還是在於天命是怎麼讓萊恩放下家長會有的那些最難以克服的情緒，轉而實踐他的天命，讓別人從他的旅程中獲益。

真希望這個故事有快樂的結局而議院決定繼續經營中心，可惜最後的結果不如所願。有時，世界不會跟隨我們的腳步而我們不管怎樣還是實踐天命，這個時候就是為我們帶來最大「影響」的時候。在那些時刻，我們正在領導著。

天命不會按計畫發展

道夫的使命宣言

成為園丁，以無窮的好奇力量，培植更美好的世界。

做好計畫了，但現實的情況卻不一樣。道夫的天命是：「成為園丁，以無窮的好奇力量，培植更美好的世界。」道夫這輩子都是擅長園藝的綠手指，他小時候老是在種東西，還常常照顧鄰居的花園。就算成年了，每週還是會花好幾個小時，維護自家的屋頂花園，還花好幾個月的時間，把酪梨種子養到發芽。就一個販售啤酒的聰明荷蘭小孩而言，你或許會認為他日後的人生很不錯又輕鬆。然而，他的天命另有計畫。二〇〇五年左右，他的事業起步不久就獲得重大晉升，派任到剛果。如果想要快樂，就該去別的地方……不過，如果想做重要的事，現在就出發吧！

剛果是極端的商業環境。一方面，你必須達到業績，必須制定計畫，表現得像是替大規模、步調快的一般消費產品公司工作那樣。另一方面，你身處的是怪異的商業環境，要負責員工福祉，而且負責程度遠超乎一般情況。無論從哪個角度看，剛果民主共和國都是個困難重重的地方。根據聯合國人類發展指數，剛果的貧窮度排進倒數第五名。在經商便利度的排名，剛果是世上最糟糕的地方。我相當年輕就拿到這個職位，還身處於這樣的環境，因此對我而言可說是一大挑戰。

剛果歷經多年內戰，在國際社會的幫助下，局勢終於漸趨穩定，並規劃在二〇〇六年舉辦首度民主選舉。此外，我們公司的業務也經歷無止境的動盪，狀況不佳。剛果這個國家重新有了希望，而我們設法做好本分。我和妻子、兩個小孩住的地方總是衝突不斷，局勢隨時有可能變得危險。

在園藝上，最愛的植物往往是你救活的植物，不是一開始只要澆水就能長得完美的植物。在這裡，我必須抱持勤奮慈悲的態度，重建當地員工的信心，他們在個人上、在事業上都經歷了無止境的麻煩事。我們不光是賣啤酒而已，還要設法改善大家的生活，無論是公司團隊及其家人，還是事業可期的門市店主，都要讓他們的生活好過一些。我們重新找回信心和自尊心，在業務多年毫無成長的地方，開始有了驚人的業務成長。

最後，內戰的威脅似乎即將結束。二〇〇六年的選舉相當和平，順利舉辦，新的常態安頓下來。二〇〇七年初，我上司去度假，我代理他的職位，負責管理全體職員。我們現場還有三十位外籍人士（包括員工眷屬在內）。某天早上很早的時候，保全組長走進我的辦公室，他說他覺得情況不太妙。就他看來，政府軍和反對派領袖的民兵，雙方即將爆發暴力衝突。當天早上，我們把全部孩子從國際學校那裡接回來，校董很不高興。不過，不到幾個小時，遠處就開始發生槍戰。我們立刻決定讓員工回家，留守人員減至最少，負責在啤酒廠處理一些不能中斷的流程。外籍員工的眷屬來不及撤離，我們決定把他們帶到我家和我鄰居家，就在啤酒廠旁邊。戰事在啤酒廠周圍打了兩天，有幾個飛彈掉在啤酒廠，幸好大家都平安無事，只有物質上的損失而已。雙方士兵對空發射子彈，子彈會突然往下墜落，穿過屋頂。

至於待在鎮區的員工，他們的電視和廣播都斷線了，也不曉得啤酒廠的狀況。於是，有一小群人在戰事爆發後的當天早上來到啤酒廠，但啤酒廠大門關閉，他們被困在交火之處。保全經理打電話給我，說有十個人想進入啤酒廠，問我該怎麼處理。我問：「在安全方面，你有什麼看法？能開門嗎？」他說：「我不能開，沒辦法確認他們後面有沒有半個軍隊的人跟著進入啤酒廠，廠內還有大約一百名員工。」

我問，那些人會怎麼樣。他說，他們的性命會有危險。我只有十秒鐘可以決定，那可不是平常的商業決定！沒人可以事先做好這樣的準備。我決定不讓他們從那道大門進入啤酒廠，但我們可以開另一道大門，讓他們進入只有材料、沒有人員的廠區。然而，兩道大門相隔幾百公尺。有一半的員工幸運到達另一道大門。我們很幸運，無人傷亡。數週後，有個念頭突然浮現在我的腦海裡，萬一有人受重傷，甚至遭到殺害呢？

最後，這場戰事有將近一千人在金夏沙遭到殺害。

不知你對道夫的故事有何想法，但我覺得在故事裡聽到的快樂事不多。沒人遭到殺害，確實帶來莫大的寬慰與滿意感。希望我們當中沒人會經驗到類似的事情。然而，天命會帶著我們進入高壓又冒險的處境。**當你跟真正的自己和平共處，就會獲得一定的滿意度，而那滿意度是大過於每個人都在追逐卻找不到的短暫「快樂」**。假如萊恩或道夫當初沒有面對這類試煉經歷，他們今日又會是何種模樣？有了天命以後，就能了解自己做事的背後原因，以及那件事有道理又很重要的原因。我們全都渴望快樂人生，但是能讓我們活過來的，是有天命的人生。

心理幸福的人生與天命和諧一致

史丹佛商學院發表〈快樂人生與有意義的人生的若干關鍵差異〉（*Some Key Differences*

between a Happy Life and a Meaningful Life）研究論文，文中描述人們不去追逐如火焰般變化無常的快樂，轉而落實天命時會面臨的困境與機會。[5] 我跟你一樣都想獲得快樂人生，但世界給我的，絕大部分充其量就是矛盾的處境。萊恩和道夫沒有選擇自己置身的處境，我們也沒有。我們唯一擁有的選擇，就是在處境下的做法。當一切都遭到剝奪，是天命引領著我們度過難關。

發表論文的幾位研究員做出以下的結論：「不快樂卻有意義的人生跟棘手的事業有很大的關係，特色是大量的擔憂、壓力、爭論、焦慮。過著這種人生的人花許多時間思考過去與將來，他們應該會進行許多深入的思考，他們想像著將來發生的事件，他們反思著過去的掙扎與挑戰。」

快樂卻沒天命的人生是可行的，卻隨附幾則警告。「特色是人生相當膚淺、只關心自己，或甚至是自私，情況會很順利，需求和渴望很容易滿足，避開困難或棘手的麻煩事。」

聽來像是度假的絕佳去處，但我不確定自己想不想住在那裡。

幸好，有天命之人生不一定是不快樂的人生，天命與快樂確實多數時候都相互依存，但兩者的根源截然不同。亞里斯多德認為追求快樂的方法有兩種：第一種是心理幸福的人生，我們與內在精神（天命）和諧一致；第二種是享樂的人生，為的是獲得正面的、此時此刻的、自我中心的經驗。[6] 亞里斯多德很清楚，心理幸福之路是兩條道路當中最好的那一條路。就他看來，心理幸福之路是人終其一生都會出現的那條路，而完整豐富的人生就是我們渴望的成果。因此，在更宏大的益處以及立即的愉悅與誘惑之間，我們必須做出艱難的抉擇，而這往往要有所犧牲並且迎向挑戰。亞里斯多德認為心理幸福和享樂愉悅都應該要去經歷，只不過要留意我們分配給兩者的比重。

亞里斯多德探討的內容，在安琪拉．達克沃斯的恆毅力研究當中可以找到絕佳的例子。[7] 達克沃斯對「恆毅力」的解釋如下：

為何高成就者會那麼執著在事業上？對多數人來說，要追上高成就者的雄心壯志，簡直是不切實際的期望。在高成就者的眼裡，自己永遠不夠好。高成就者是自滿的反義詞。然而，實際上，高成就者對於自己處於不滿的狀態，卻是感到滿意的。高成就者認為自己追尋的事物具有無與倫比的吸引力與重要性，而讓他們心生滿意的，正是追尋的過程，從過程中獲得的滿意度不亞於最後獲得的結果。就算他們不得不做的一些事情會很無聊、叫人氣餒，甚至帶來痛苦，他們也不會興起放棄的念頭。他們的熱忱長久不懈。總之，無論是何種領域，高成就者都具備一種強烈的決心，而且會以兩種形式呈現。第一，這類模範人士的適應力和勤奮度超乎尋常。第二，他們都深知自己想要什麼。他們不只有決心，還有方向。熱忱加上不屈不撓，造就出與眾不同的高成就者。簡單來說，高成就者具有恆毅力。

大學教授及麥克阿瑟天才獎獲獎人安琪拉．達克沃斯想了解恆毅力及其在天命裡扮演的角色之間的基本關連（此處的恆毅力是相對於愉悅）。她做的可不是小規模的研究，她請一萬六千名美國成人完成恆毅力量表與附加的問卷調查，探究天命與愉悅這兩種動機對受訪者有多重要。結果發現人生旅程中「恆毅力」最高的人也很明確知道自己的天命。「天命拿到高分，表示恆毅力量表也會拿到高分。」

由此可見，選擇實踐天命領導法，選擇那些帶來快樂的事情，這兩種選擇會對人生旅程的結局產生截然不同的影響。值得一做的事情需要大量的決心、付出、投入。

只要有了天命，在天命編織著自己的人生故事時，就能認清自己真實樣貌的脈絡，看清自己要前往何處。因此，天命有助於整合我們的過去、現在、未來。有了天命，身在此處的原因背後更深層的意義就變得明顯起來，還能引人起身徹底實踐天命，就像是萊恩與道夫那樣。狀況一團糟的時候，你很快樂的時候，天命都會黏著你不放。另一方面，快樂是當下發生的一種主觀感受。對多數人而言，快樂是有形的、真實的、美好的、變幻無常的。你要選擇的是快樂突然「發生」、有天命的人生？還是追尋著快樂、卻少有天命或毫無天命的人生？（圖表14-1）

圖表 14-1　天命讓恆毅力提升

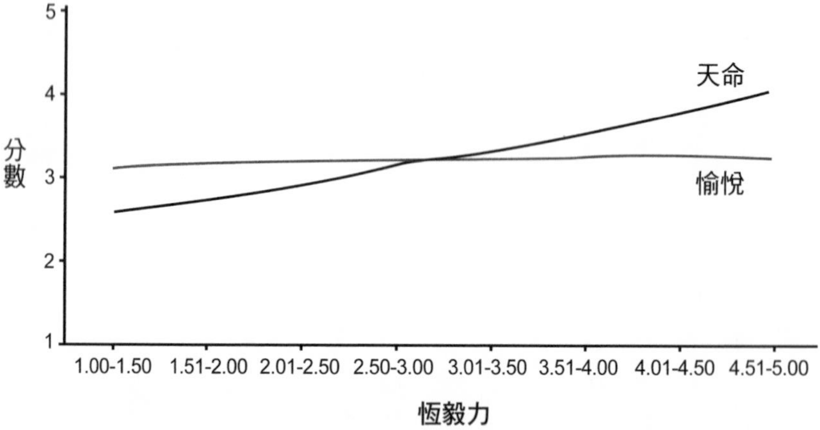

來源：《恆毅力》，作者安琪拉·達克沃斯。Copyright © 2016 by Angela Duckworth. Reprinted with the permission of Scribner, a division of Simon & Schuster, Inc. All rights reserved.

圖表 14-2　追求快樂和實踐天命的差異

追求快樂	實踐天命領導法
著眼於需求與渴望的滿足，而避免不快的經驗也包括在內	為了必須發生的事情，而去放棄人生中一些愉悅的事情
現在就要覺得開心	得以整合過去、現在、未來，看清自己踏上的道路背後有著更深層的意義
獲得短暫的快樂	指出通往長期滿足感的道路
難以長期維持	設立不變的路線
主要是取得自己渴望的、需要的，包括來自他人的渴望和需要，甚至是花錢取得	把我們獨特的鏡頭和天賦應用在我們渴望服務的對象（包括自己）

可別誤解我的意思。實踐天命不是只有犧牲和不快樂，但追求快樂與實踐天命領導法之間存在著許多差異。（圖表14-2）

幸好，有天命的人生也許不如專注短期愉悅那樣「快樂」，但它為你、為你領導的人所帶來的滿足感卻是大了許多。在天命的帶領下，我們經歷到的滿足感與滿意感，實際上也許是一種更深刻、更有適應力的快樂？

思考要點

1. 在你的事業和人生，最有意義的時刻有哪些？
2. 這些時刻當中，有哪一刻要為了創造有意義的時刻，而必須延後快樂或放棄快樂？
3. 愉悅之人生，有天命之人生，兩者之中，你會以何者為優先考量？
4. 你在哪方面最需要實踐天命領導法？

第15章

拯救世界，拯救自己

比爾．莫耶斯（Bill Moyers）：「我們不像是傳統的英雄，我們踏上旅程不是為了拯救世界，而是為了拯救自己。」

約瑟夫．坎伯（Joseph Campbell）：「這麼做了以後，就能拯救世界。」[1]

——《約瑟夫坎伯與神話的力量》（*Joseph Campbell and the Power of Myth*）

一九八八年六月二十一日

我輔導過的許多領導者都有個共通的莫大恐懼：「假如我找到了天命，是不是要辭掉工作，搬到第三世界國家去救助窮人？」他們就跟許多人一樣，把天命具備的力量跟理想背後的熱忱給混為一談。記住，終結飢荒或貧窮之類的理想確實十分崇高，但那只不過是我們在實踐天命時採行的一項策略。無論我們置身何處，從事何事，天命總是陪在身旁。無論你是銀行人員、行銷人員、業務人員，還是其他任何一種職業，都能夠實踐天命型領導。

然而，「沒有拯救世界就表示沒有實踐天命型領導」的信念反覆出現。實踐天命，為世界帶來影響，這兩者之間那種可察覺到的關連已經有許多人書寫過了，許多作者甚至會把天命定義成「要怎麼樣讓世界變成更美好的地方」。

為什麼會有這麼多人把天命等同於拯救世界？我看著多位領導者是怎麼進入天命室，還從中觀察到一個現象，一旦他們釐清了引領著自己的天命，多半會非常希望自己能更充分體驗到天命。演員需要舞台與觀眾，同樣地，我們需要世界做為舞台，傳達我們的天命，體驗我們的天命。天命就是我們帶給世界的獨特天賦，有時我們最後也拯救一部分的世界。

傑倫的使命宣言

絕對不要浪費天賦。

傑倫．威爾斯（Jeroen Wels）的使命宣言：「絕對不要浪費天賦。」來自於童年的美好時光。十二歲左右，他就意識到自己比其他同學還要聰明許多。他可以不要太努力念書，得過且過就好。他問父親該怎麼做，父親說：「你有能力就不要浪費。」

表面上，那句話聽來有點流於只關心自己。基本上，你很聰明，勤奮努力，絕對不要回頭。傑倫重新連結到這一刻及其帶來的影響，所帶來的效用卻是相反的。

要更精準傳達傑倫的天命，或許該這麼說：「絕對不要浪費任何人的天賦。」他早年的動力是盡最大的努力表現，後來也獲得成功，而他開始幫助旁人不要浪費天賦，對此懷以強烈的熱忱。在追尋的過程中，傑倫竟然還去攻讀公共行政碩士學位。

傑倫說：「我渴望帶來改變，也有充沛的活力進行深刻的對話，藉此有所突破，幫人們找到真正擅長的地方。有人遭逢困境，我就會幫助對方跨越障礙。我希望他們能明確認識自己，然後我就可以繼續往前邁進。運用天賦幫助別人發揮天賦，真的覺得很開心。看到別人只把注意力放在自己身上，心裡就覺得難受，那是在浪費天賦。找到天命以後，對於自己想怎麼在周遭世界應用天命，不由得產生許多想法。我跨了出來，接下某家非政府組織的董事職務，回饋社會。」

傑倫要依循天命行事，不一定非得成為非政府組織的董事。然而，天命總是在吸引我們擴大影響力。在家庭方面，傑倫和妻子撫養一位阿富汗難民女孩多年，她現在已經大得出外獨立了，但還是跟威爾斯家保持聯繫，商量人生難題。無論傑倫是做什麼，有一點是很明確的，他越是認識自己的天命，天命就越是會影響到他跟這世界的互動情況。

天命化為現實，會發生什麼事？

陶德．提勒曼的使命宣言

成為巴斯光年，鼓勵別人不自我設限，勇敢行動，成就大事。

我一直很期待跟大家分享接下來的例子。陶德．提勒曼的天命是：「成為巴斯光年，鼓勵別人不自我設限，勇敢行動，成就大事。」陶德在約三十名高階主管面前首次分享自己的天命，大家一聽就哄堂大笑，差點從椅子上跌下來。陶德的模樣像巴斯光年，聲音像巴斯光年，也同樣活力無窮。（有時我不由得會想，皮克斯團隊是不是以陶德為藍本畫出巴斯光年！）

陶德是個活力十足的高階主管，一現身就很有存在感。他熱愛讓收益翻倍，贏過競爭對手。大學期間，他替財務困難的學生報紙賣廣告。在這種情況下，巴斯光年會怎麼做呢？沒錯，他接手管理報紙，降低成本，增加收益，報紙突然間變得獲利很高。快轉到二〇〇三年，他接管另一家岌岌可危的事業。當時該企業的收益為三億兩千五百萬美元，市占率偏低。不到三年，他就讓市占率從二八％驟升至四一％，收益翻倍，達到六億五千萬美元。他各方面都努力了，成本降低，產出翻倍，還在過程中擊倒競爭對手。他老是在說：「努力，努力，再努力。」

巴斯光年去俄羅斯的時候做了什麼呢？他盡職調查，發覺競爭對手表現出色。他越是往下挖，競爭對手就看起來越是好。解決之道？很簡單，買下來經營！

你可能會不由得猜想，為什麼本章會特別提到陶德？因為他的故事顯然很符合本章的業務成長內容。

要了解的話，就必須回到陶德七歲、父母離婚的時候。他和媽媽最後要靠糧食券和公共救助金過活。原本擁有一切，卻變得什麼都沒有，對任何人而言都會是難忘的一課。陶德七歲時總是把各項挑戰看成是半滿的現實，不是半空的現實。陶德的天命不只是達到數字而已，還要幫忙照顧到那些正處於人生考驗時刻的人們，而就陶德看來，要做到這些，試煉故事不可或缺。

陶德的女兒六歲就進了芝加哥盧里兒童醫院動手術，她需要接受高階照護，一段時間以後，終於恢復健康。很多家長陪同小孩一起進入盧里兒童醫院接受治療，陶德看到一堆小孩生病，想到了七歲的自己。巴斯光年會怎麼做呢？

陶德加入盧里兒童醫院的董事會，跟他人一起合作募款。他們募款六年的成果就是一棟嶄新尖端的二十三層醫院大樓。這可不只是隨便一家醫院而已，他們跟芝加哥二十個文化機構攜手合作，打造出有利治療的環境。天命化為現實，會發生什麼情況呢？巴斯光年要為這世界服務的話，還有哪一處比兒童醫院還要更好的呢？如果要體驗他的天命，成為「療鬱孩子的玩具」堪稱為很有效用的方法。

今日的陶德在做什麼呢？目前他是好時（Hershey）巧克力公司的美國總裁，對巴斯光年而言，待在那裡還不賴！

幫助別人，更容易連結天命

本書提及了好幾位對世界造成影響的人物，比如說，接下世界糧食計畫署工作的普利拉娜·伊薩，在波士頓馬拉松爆炸事件率先做出因應的艾弗瑞特·史班，但他們那種人可說是少之又少。多數人從事的職業與職務，跟拯救世界之間毫無明顯又「迷人的」關係。「只有忙著拯救世界才算是實踐天命領導法」，這種觀念會排除掉九九%的領導者。傑倫、陶德，還有本書提到的許多人，其實都跟多數人一樣，有份正常的工作。但他們跟別人一起擴展影響力，影響之大超乎正職範疇。為什麼？

一開始要問，他們到底是怎麼有那時間和活力？這方面有不少研究調查，那些必須保有一份正職、工作不是直接「拯救世界」的人員，那些在工作上覺得時間不夠做完所有事情的人員（志工職務就更不用說了），可以參考那些研究調查。畢竟大家都曾經覺得事情多到做不完，白天時間不夠完成工作。

在常識上，意外獲得一段空閒時間應該會最有幫助，可是實際情況並非如此。根據華頓商學院的研究結果，可察覺到的時間短缺情況要獲得改善的話，最好的方法就是花時間幫助別人。[2]

到底怎麼回事？原來幫助別人，就是幫助自己。我們會覺得更有能力，就好像活力提升了，然後就能運用那股活力去因應挑戰。就我看來，**我們幫助別人時，會更容易連結到天命**，從而構成良性循環。我們越是能認清自己的天命對別人造成的影響，就會變得越是有活力，如此不斷良性循環。

正如我們所知，意義與天命是盟友。天命有如獨特鏡頭，可用來創造意義。有許多研究是在研究哪些因素可在工作上創造出意義。

我有幸跟凱瑟琳・貝利（Catherine Bailey）對談幾次，她跟其他作者在《史隆管理學院評論》共同發表〈是什麼讓工作變得有意義……或沒意義〉（*What Makes Work Meaningful—or Meaningless*）研究報告。[3] 研究人員訪問幾個領域、十種職業、一百三十五人，有店員、各教派的神職人員、藝術家（音樂人、文字工作者、演員）、律師、科學領域學者、創業者、急性照護醫院的護理師、士兵、維護古老教堂的石匠、清潔員。很難再想出比這更多樣化的職業組合了（我輔導過的 Jiffy 花生醬負責人也許會讓這組合變得完整）。研究報告的作者探討哪些因素會創造或降低這些人在工作中獲得的意義感。那麼，結果有何發現呢？

根據研究結果，要領會到意義的話，關鍵就是直接接觸那些從我們的工作當中受益的人們。在受訪的專業人員當中，負責「照顧」的職業——例如：護理師和神職人員——獲得的意義感最大。為什麼？因為他們直接接觸了那些從他們的工作當中受益的人，而那些人「當時是處於人生中最脆弱的時刻」。

前述只不過是大量研究當中的兩項研究，而且雖是在截然不同的情況下進行，但研究結果卻有共通的脈絡：**如果你想要覺得自己更有能力，更連結到天命與意義，那麼最快速、最好的方法就是去幫助別人。關鍵在於直接接觸對方**。

對多數人而言，難就難在於我們往往看不到自己的工作直接對別人造成的影響。處理員工人數、商情預測、人才盤點、預算會議等，算是一點機會，可看清我們獨特的天賦帶來的直接影響。因此，許多高階主管會很想回到以前直接接觸客戶和第一線員工的日子。

我輔導過的許多高階主管（傑倫、陶德）之所以開始從事「拯救世界」的活動，其中一個理由就是能在那些「業餘」活動中，更直接看到實踐天命領導法帶來的影響。以我們能立刻看到影響的方式去幫助別人，是人類的核心渴望。當我們徹底實踐天命領導法，內在的「小我」就會消失不見，更宏大的事物就此現身。我們有所付出，在我們幫助或服務的對象身上，看見自己的天命產生共鳴，此時最是能體驗到那宏大的事物。

莫妮卡．沃林（Monica Worline）是密西根大學正向組織中心的組織心理學者，她的職業就是研究人們在職場上是怎麼創造意義與關係。她發明了一項很棒的練習，可讓我們在幫助別人、服務別人方面獲得更好的體驗，而且不用改變我們做的事情。[4]

首先，想想你目前的職務說明（找得到職務說明或記得當中內容的話，可以給自己一顆星了）。如果找得到職務說明，可能會看到有清單列出關鍵作業、必要技能、工作重心。請回答以下問題：

- 假如你要站在共事者或服務對象的角度，那麼你會怎麼說明你的職務內容？
- 至於你的職務對他們有何幫助，他們會怎麼說？
- 你的工作如何支持所屬機構的宏大天命或所屬社群的人員福祉？

這項練習帶來確實的影響，人們會更深刻感受到意義與天命，工作上的事情也不會有所改變。還記得吧，天命有如鏡頭，我們可藉此看清世界，認清我們從這個世界裡創造出的意義。天命可引領你前進，試想，站在天命的角度做這項練習，會對你的處境帶來多大的改變！

拯救自己就能拯救世界

然而，拯救世界這件事有個大問題，我在輔導過的人們身上一再看到那個問題出現。如果一想到天命，就會聯想到「讓世界變成更美好的地方」或甚至是「拯救世界」，那就是陷入了巧妙的陷阱當中。沒錯，大家往往會努力把自己的天命應用在周遭世界。可惜，一段時間過後，這種做法唯有你做對一件事才會有用，這件事情很難做，多數人也不擅長做。

我們全都曾經坐著聆聽空服員說明氧氣罩的用法吧。其實，多數人都明確知道自己的天命，可是取下天命氧氣罩以後，卻還是把氧氣罩給別人戴上。我們也都很清楚，每次搭機時收到的航空安全指示都是要我們自己先戴上氧氣罩，再去幫別人戴。**說到應用天命，必須要做的第一要務就是先應用在自己身上**。

回來談普利拉娜·伊薩。前文提過她在世界糧食計畫署擔任人資長，世界糧食計畫署是聯合國底下的機構，著眼於提供糧食給全球飢餓者，包括全球難民在內。人資部門有四百五十名員工，涵蓋八十個國家。[5]

普利拉娜花了四年時間帶領組織全體轉型（人員、績效、規範架構、文化），是該機構有史以來的創舉。在那段時期，她還達到一件出色的成就，增加了雇員當中和關鍵領導職位當中的女性人數。女性的人道援助領導者原本人數很少，在她的努力下大幅增加。如果說這樣還不夠的話，她還開設了領導力學程，學員是頂尖的一千位領導者，全球人道救助行動絕大部分是由那些人負責的。

她的作為簡直就是「天命等於拯救世界」的第一範例。跟多數人的情況相比，普利拉娜花了更多時間跟協助對象面對面交流，協助對象有聯合國世界糧食計畫署的人員（她在人員工作所在國，跟百分之四十的人員面對面交流），也有全球最弱勢的民眾，亦即世界糧食計畫署的服務對象。她跟我說過，她曾經跟南蘇丹的婦女與兒童對話，從而啟發世界糧食計畫署人員發放糧食給婦幼；她也曾經跟賴比瑞亞的某位單親媽媽員工討論過，要在伊波拉爆發期間提供糧食援助，為了大眾，她願意冒著生命危險。普利拉娜待過尼日鄉村地區的營養營、敘利亞的食物發送站，還參與獅子山的學校供餐計畫，那裡的兒童一整天就靠學校的一餐過活。由此可見，雖然她要應對一個內部複雜又遲緩的機構，但是有幸得以經常直接接觸那些因她的工作而獲得最大幫助的民眾。

然而，對於這份繁忙工作過去一年的情況，我們有了以下的對話。

尼克：「跟我說說，過去三個月，你實踐天命領導法的狀況怎麼樣？」

普利拉娜：「嗯，我改變了過去三十年都沒變動的關鍵原則，協助世界糧食計畫署變得更靈活；制定並提出為期兩年的願景策略計畫，計畫也很成功；造訪衣索比亞、尼日、肯亞；我是家裡兩個孩子的主要照顧者，正在努力做。」

尼克：「那麼，你對於自己迄今的狀況，此時此刻有什麼感受？」

普利拉娜：「對於自己和團隊達到的成果，我感到很自豪，但是我付出了代價。我的背痛死了，而且好像只會越來越痛。我在家的時間不夠多，小孩只是希望媽媽陪在身邊。我就快要身心俱疲。」

這裡就是事情變得有意思的地方，這個人正在拯救世界，名副其實，但這件事對她沒有益處。關鍵字是「身心俱疲」。我經常聽到這四個字。

普利拉娜．伊薩的天命是：「促成世界邁向正面的改變，尤其要幫助女性。」這裡卻有個問題，她沒把天命應用在那位必須落實天命的女性身上，也就是她自己。力量這麼強大的天命怎麼會給了別人，不給自己？

我輔導過的高階主管絕大多數都擅長拯救周遭世界，他們之所以有今天的地位，是因為服務了機構、上司、同僚、團隊所致。旁人都認為他們擅長傳達天命。在這個等式裡，唯一缺少的東西就是他們自己。在他們的天命當中，少了他們自己的存在。

只要把天命應用在自己身上，終究會獲得回家般的歸屬感，才能以動人的和諧度實踐天命領導法。旁人會看到，也能開始鬆一口氣。體制不會照顧你，你需要照顧自己。只要你願意，天命會幫你做到。

就普利拉娜的例子來說，她努力四年就疲累不堪。然而，她開創的諸多計畫要徹底落實的話，她就必須留下來才行。她該不該在這職務上多留個幾年呢？此時，出現了其他吸引人的工作機會。她可以重回企業人資長職務，財務收益大增，也可以去規模更大的發展機構，擔任人資主管。她可以拯救更多人。然而，她該把天命應用在自己身上了。情況已是危急關頭，她真的不能忽視跡象。

她再度面臨著自己創造出來的幾個好選擇，這次她選擇了能徹底落實天命——把天命應用在她自己身上——的那個工作。假如是幾年前的話，她肯定會做出截然不同的決定。這次，她決定接下世界糧食計畫署的職務，負責帶領公私部門的合作。她跟公司共同合作募款，用糧食拯救更多生命，並且運用雙方的專業終結飢荒。這份職務的好處在於經營速度不一樣，有如在鍛鍊不同的肌肉，她能更專注在自己身上，成為她心目中的理想媽媽，同時還能以不同的做法拯救世界。你可以感受到她有了新的熱忱：

我們需要每個人共同合作，達到「零飢餓」（Zero Hunger）的目標。

長久以來，世界糧食計畫署秉持突破、創新、全球與地方的合作，為有意義的私部門關係設下了高標準，也就是運用技術協助與知識移轉，再加上資金捐助，不僅能解決全球問題，還能創造出可量測的業務成果。舉例來說，世界糧食計畫署跟萬事達卡（MasterCard）攜手合作，透過儲值卡提供糧食援助給約旦與黎巴嫩境內的敘利亞難民。尼爾森（Nielsen）公司制定出一套方法，透過手機蒐集糧食不安全相關資料，不僅能降低成本，還能根據世界糧食計畫署服務對象的需求，提供更及時更精準的資料。優比速（UPS）公司把緊急時期的機場地勤作業方式改良得更加完善，糧食可更快速更有效搬運到急需的民眾那裡。

在私部門的合作方面，世界糧食計畫署制定四大策略優先事項：緊急應變與準備；營養；供應鏈與零售；科技與數位解決方案。我渴望跟現有夥伴和新夥伴一起共事，增強我們在這些領域的共同影響力，幫助我們的服務對象，徹底解決全球飢荒問題。」

二〇一七年，普利拉娜為世界糧食計畫署募到的款項可以餵飽一百多萬人一整年，還建立了若干合作關係，公司可貢獻技術技能與專業知識，解決複雜的運作問題。普利拉娜並未停止拯救世界，差別在於她也把天命應用在自己身上了。她的背痛「奇蹟似」消失不見，她現在跟孩子丈夫一起落實她的天命，這做法是她過去四年辦不到的。她更常陪在家人身邊，也更常跟自己相處。她正在練習把天命應用在自己身上。對她而言，這肯定是新的篇章。

那種占據生活的工作，我們全都有所共鳴。照顧世界和照顧自己失去平衡的時候，我們所愛的人和同事在外頭看著難受。像普利拉娜這樣有動力的人，往往必須撞到了牆才會停下來。把天命應用在自己身上，是絕對不會想到的事。我再三看到一個現象，天命消耗我們健康的身體，藉此強迫我們停下來傾聽。我是站在個人經驗說的，人往往要付出很大的代價，才懂得把天命應用在自己身上，而我體會到這點，不由得謙卑了起來。

就把我的故事當成是警鐘吧，不把天命應用在最需要的人——自己——身上，就會發生以下情況。記得吧，我的天命是：「讓你清醒過來，讓你終於獲得回家般的歸屬感。」我很容易就能把天命應用在旁人身上。我跟對方聊三十分鐘，在短短的時間內就能幫對方連結到天命。如果你搭飛機接受工作面試，在飛機上坐在我隔壁，那麼你在空中跟我聊了以後就會拿到工作。我的天命就是幫助別人領會到、認識到他們的獨特天賦。我真的能讓人們獲得「回家般的歸屬感」。

那麼，我要把這個天命應用在自己身上，該怎麼做呢？以下描述我之前沒做到時發生的情況。當時，大約是二十年前吧，我對於自己的使命宣言用語可說是一無所知，可是我落實了自己的天命，就像是你一直在落實你的天命那樣。記住，天命總是經由我們帶來影響，要抓住機會，更意識到天命的存在。

三十出頭的時候，我獲得組織發展學士學位，離開了我在工程領域的事業。我真的很喜歡這個新發現的職業，我可以協助推出一套大規模與非常成功的變革作業。最後，我打電話給我很重視的兩本書的作者，讓他們知道我做的事情，請他們提出建議。結果，我去替其中一位作者工作，馬上進入步調快速的世界，那裡重視成果導向的變革作業。那時的我是在拯救世界嗎？本身不是，但我專注把天賦應用在我碰到的每個人身上。

我有賣東西的天賦，也有完成工作的天賦。把我放在飛機上，等到航程結束，坐在我隔壁的人就會要我一起共事。這一點提升了我的自我價值感，我變得忙碌不已。那時的我是在落實天命嗎？當然了。然而，既然我不清楚自己的天命，那麼就只能經由他人來領會天命了。假如你需要在三十天、六十天或九十天後獲得實質業務成果，那麼我就是你的理想人選。要讓數以千計的人獲得實質成果？沒問題。我跟創立GE重整過程的人員一起合作過，沒什麼做不到的。

這種富有活力的人生有時要每週搭乘商務艙飛往慕尼黑和美國各地。然而，有件事不太對勁，踏上這場瘋狂的冒險不過五年，我的身體開始出現負作用。以前長途飛行的疲累，睡一覺醒來就神清氣爽，後來卻要三四天才能恢復精神。情況變得越來越糟，不久就要將近一週才會覺得恢復「正常」。當你跑得那麼快，對服務對象帶來這麼正面的影響，就會忽略這類現象。起碼我是輕忽了。

那就像是我的腳碰到了絆線，觸發了陷阱。當時，我正在經營為期一年的變革與領導力學程，學程卻突然在第六個月終止。權謀手腕很複雜，而上面的人之所以要我離開，並不是因為我績效很差，而是因為我帶來的成果太正面了。怎麼可能會這樣？學程獲得媒體好評，公司內部另一個團體決定接手。為此，他們需要把眼中的威脅給移走，免得危及他們將來的成功。

我一沒有照顧別人，一沒有獲得所有正面的能量和意見，我整個人都垮了。最後我基本上是睡了三個月。幾位醫生用盡辦法戳探我的身體，想弄清楚我的身體到底怎麼回事。我的腎上腺中彈似的，消化系統根本不起作用，血糖過低，本人卻渾然不知。

事情開始出錯，一切彷彿瞬間分崩離析。顧問公司要我離職，妻子不想再跟我維持婚姻關係，我們離婚了。說沒有一件事順我的意，還算是輕描淡寫的說法了。我就是標準的忙著拯救別人卻沒有照顧自己的那種人。

一段時日過後，我慢慢恢復活力。那麼多壞事同時發生的時候，找出某件能充電的事情，會有幫助的。而會讓我由衷真正感到滿足的事情，會讓我獲得「回家般的歸屬感」的事情，就只有駕駛帆船了。起先，只是剛好某天有朋友帶我出門。風、太陽、水，讓我的心思安靜了下來，此時我察覺到有什麼起了變化。那年八月，我修了駕駛帆船的課程，當時真的是很費體力的事情，卻也是多年來帶給我最大滿足感的事情。

秋天時，我擁有了人生中極其美好的一天。那是十月初的週間，波士頓港的氣溫是攝氏二十度出頭。我駕駛小型帆船出發，是唯一一艘出航的船。那是最完美的秋日，整座港灣都是我的。我認為這是莫大的訊息，在說著我是值得這一切的。

多數人碰到的最大挑戰，還有我們不把天命應用在自己身上的理由，就在於我們覺得自己不值得。別人值得收到我們給他們的，可是，我們能不能認清自己也是值得的呢？對我而言，對我輔導過的許多人而言，需要有個試煉經歷，或起碼要是個痛苦的難忘經歷，才能認清。身體狀況經常是訊息的一部分，而且頻率之頻繁叫我難以置信。就普利拉娜而言，是背痛；就我而言，是內臟。

需要像我那樣的試煉經歷才讀得懂訊息嗎？不用，幸好許多人釐清天命以後，就能快速認出一兩件能真正帶來喜悅滿意的事情，把這事情看成是最重要的，當成人生的一部分。無論是有賴於經驗還是幸運，總之他們最終了解到先拯救自己的重要性。

他們追尋的活動各式各樣，簡單如訂定每週有一晚要去約會、上舞蹈課、在成人聯盟踢足球、游泳、跑步、寫短篇故事、繪畫、騎單車、講故事、親近大自然、攝影、料理、拳擊、騎馬、滑雪、讀傳記、教孩子打排球、登山、唱歌劇、彈鋼琴、修車。人人都有件事，是在做的時候會把自己給忘了，彷彿直接吸了氧氣般精神充沛。難處就在於我們應該時常接觸那件事。

本章開頭就問了：「為了實踐天命，是不是非得拯救世界才行？」到了現在，你明白了，在多數人的眼中，拯救世界是體驗天命最自在的手段。直接接觸那些從我們獨特天賦當中獲益的人，可說是動人的體驗。在某些方面，難就難在於我們會對這些時刻上癮，任由自己把最需要氧氣的人——我們自己——放在一旁。

你、我、我們所有人都值得收受我們帶給這世界的獨特天賦——我們的天命。至於我們擔任領導職務時，如何把天賦應用於所屬的機構，則是下一章的重點。

思考要點

1. 在工作上、在人生中，你對周遭世界帶來何種影響？
2. 在日常工作中，哪些時刻對你最有意義？
3. 你何時直接正面影響他人並看見成果？
4. 回想別人為你做的某件有意義的事，那是發生在你一切順利的時候？還是你覺得最脆弱最受挑戰的時候？

5. 有某件事讓你像吸了氧氣般精神充沛，但你做得不夠多或不夠常做，而你現在就該恢復做那件事的習慣，那件事是什麼呢？

第 16 章

個人天命與機構使命如何達到一致？

只要你和旁人都熱忱投入共同的天命，就什麼事都做得到。[1]

——霍華．舒茲（Howard Schultz），星巴克創辦人和《富比士》訪談

關於天命對個人領導方式造成的影響，本書談了許多，可是到現在還沒談到天命對機構、組織、團體的影響。絕大多數人都在機構裡工作，我們個人的天命以及引領著我們所屬機構的使命，兩者達到一致的重要性再怎麼誇大也不為過。兩者要達到一致，有兩種方式：第一種是我們的天命變成機構的使命，第二種是我們在自己的天命以及機構的使命之間找到一致之處。本書兩種方式都會探討。

機構傳達出創辦人的天命

想到西南航空，就很難不聯想到頗具代表性的創辦人赫伯．凱勒赫。至於溫蒂．科普（Wendy Kopp）和「為美國而教」（Teach for America），賈伯斯和蘋果公司（Apple），賈希吉．塔塔（Jamshedji Tata）和塔塔集團（Tata Group），也同樣密不可分。在前述各個例子，可明顯看出機構的使命源自於創辦人的天命。然而，比較不明顯的地方在於要付出多

大的犧牲、自省、數以百計——往往是數以千計——「難走的正道」，才能讓創辦人的個人天命和機構的使命保持一致。

少有故事能像星巴克創辦人舒茲的故事那樣明顯呈現出個人天命與機構使命達成一致的情況。星巴克的故事是一趟動盪的旅程，歷經了擁有天命、失去天命、找回天命。我們能看到這些元素出現在一家機構與一個人的故事裡，可說是遇到千載難逢的機會，得以明確體察到天命在影響機構時可說是一項恩賜。

一九八二年，剛畢業的MBA舒茲期望在商界打出名號，他接下西雅圖小型咖啡公司行銷主管的職務。不久，他就愛上了咖啡，但要等到一年後，他去米蘭出差，踏進小咖啡館，他的整個世界才有所改變。

大家都以為我是星巴克的創辦人。我當初只不過是員工，星巴克那時只有四家門市。星巴克派我去義大利出差，出差回來後，我有一種感覺，星巴克的產業走向不對。我想帶回給星巴克的，是日常的習慣，是社群意識，是一種概念，我們可以在美國的住家與職場之間打造出第三個空間。那是頓悟，我嚇了一跳。當時我走進那裡，看見店內的活力構成一幅和諧的畫面，咖啡營造出浪漫的氛圍和戲劇般的場景。咖啡成為對話的重心，創造出社群意識。這就是我所聽聞到的。[2]

我第一次聽到這則故事，就知道自己得以一窺舒茲的天命。在義大利走進咖啡館的陌生人，他並不是第一人，但他用獨特的鏡頭觀看這世界，看見了別人還沒看見的事情——咖啡館有可能以沒人想得到的規模，創造出連結感和社群意識。

在我看來，星巴克的使命——「**啟發和培養人文精神**」[3]，在核心本質上也是舒茲的天命。銷售一杯咖啡算是一種途徑，本身並非目標。他看見了咖啡館有可能跟每位客戶有情感連結，看見了製作精緻濃縮咖啡時所營造出的美好又戲劇般的場景，那是一種途徑，他可用於實現「啟發和培養人文精神」的天命。

到了一九九〇年代晚期，在天命一致下，涵蓋範圍日益擴展，難以忽視。以前從來沒嘗過拿鐵或卡布奇諾的人，現在卻對自己在哪裡喝咖啡的體驗和友善的咖啡師給予肯定的態度。星巴克原本是不太出名的西雅圖咖啡連鎖店，門市不到二十幾家，可是不到二十幾年的時間，就成為跨國大企業，門市據點數以千計。

星巴克的革新之處不只在於美國人飲用的咖啡飲料種類和享用咖啡的地點，也在於咖啡送到美國人手上的方式和負責煮咖啡的人員。經由「啟發和培養人文精神」的獨特鏡頭，觀看這個世界，會看出很多頗有意思的結果。星巴克創先投入公平採購，確保農民享有公平的待遇與收益。在員工經常承受打擊、眼見自身福利受損的世界裡，星巴克卻反其道而行，提供良好的員工福利，舒茲很酷地說那是「你的特調」。員工福利有健保、退休金、大學教育經費補助、公司股票，涵蓋範圍遠超乎大多數的全職員工福利計畫。此外，舒茲還做了一件前所未聞的事情，他讓一週二十小時的兼職員工也享有員工福利。在員工二十人的公司提供這樣的福利還算容易，但星巴克雇用的員工超過二十萬人。

不過，舒茲在旅程開端感受到的興奮和活力，在他位居領導地位的十七年後卻消失不見了。他意識到自己沒有投入其中，危及機構，於是在二〇〇〇年卸下執行長的所有日常職責，接下董事長職務，專注投入星巴克品牌的全球據點。

接下來五年，舒茲從旁觀察星巴克不斷迅速增長。星巴克的成長力道強勁，年度收益與利潤平均增加約二〇％，快速擴張的文化就此生根。到了二〇〇七年，舒茲和別人都明顯發現星巴克偏離當初的使命。「以一次一個人、一杯咖啡、一個鄰里的方式，啟發和培養人文精神」的宣言或許還漆在星巴克的牆上，可是星巴克日常落實的機構使命開始變得更像是「成長！成長！成長！」[4]。

同一家機構竟然出現了兩種天差地遠的宣言，實在難以想見。不過，機構失去初衷，就會發生這種情況。正如舒茲所言：「我們忘了共同的使命與指導方針，成長和成功開始掩蓋住錯誤，星巴克生出弊病，那弊病就是傲慢，我們失去了方向……」[5] 舒茲眼見著心愛的公司一再做出成長優先、天命其次的決策，他面臨了「易行的歧途與難走的正道」的兩難困境，到底是要保持安全，坐視不管？還是要傾聽天命的聲音，回頭介入爭論？

他很清楚回頭的含意，他和家人都要有所犧牲，他肯定也不得不做出一些選擇。然而，他還明白另一件事，凡是站在天命室裡的人遲早都會明白的事，那就是終歸到底，天命會引領著我們採取行動。

二〇〇八年一月，舒茲再次接下執行長一職。此舉十分冒險，股東對於星巴克成長利潤停滯一事愈趨不耐，舒茲做出的任何變動都會受到詳細檢視。

變革並非易事。經濟一落千丈，大蕭條以後從沒見過這麼糟糕的情況。舒茲不得不做出一連串重大決策。大家都會感受到經濟帶來的影響，沒有方法可以避過。舒茲關閉了六百家績效不彰的門市。

他的個人天命應當要與機構的使命合而為一，有一起事件最能充分傳達出這點，他碰到了一個非常苦惱又會動搖星巴克根基的問題，美國各地的咖啡師再也不懂得煮濃縮咖啡。當初義大利咖啡館裡的美好時光，那個打開他的眼界、看見他的將來的美好時光，如今卻是岌岌可危。員工流動率激增，經理沒時間或沒資源去正確培訓新進員工，而付出代價的是咖啡的品質。咖啡「體驗」的品質，星巴克就算處於最黑暗的時刻也緊抓不放的品質，再也不是不爭的事實了。對舒茲而言，實在無法忍受。

華爾街緊盯著他的舉動不放，股價暴跌，數以千計的員工要重新培訓，舒茲依循自己的天命，做出了唯一能做的決定。二〇〇八年二月，他下令美國境內每一家星巴克——共七千一百個門市——暫停營業三小時半，十三萬五千名咖啡師要學習煮出完美的濃縮咖啡。此舉前所未見，星巴克付出數百萬美元的代價。在營運利潤微薄的情況下，竟然下令門市暫停營業，重新培訓員工，有哪位腦袋正常的執行長會這樣做？

正如舒茲所說：「我擁有的就只有我的信念了，我認為除了煮出完美的咖啡，更要做的就是恢復熱忱並投入其中，星巴克的每位員工都必須以這種心態對待客戶。這麼做就表示要往後退一步，然後才能往前跨出好幾步。」

記住，天命，也就是我們帶給這世界的獨特天賦，有如鏡片，我們透過這面鏡片去觀看這世界。我們的天命跟所屬機構的使命達到一致，就等於是請別人共享我們的獨特願景，在某種程度上，就是請別人試著戴上我們的鏡片看看。正如我們在舒茲的旅程所見，這不是可以輕率對待的工作，也不是隨便用一種方法就能輕鬆做的工作。然而，成功做好的話，個人天命與機構使命合而為一運作的話，那就是少見又美好的時刻，可以帶來改變，甚至或可改變世界。

機構使命為什麼重要？

除了星巴克的故事以外，機構使命在近幾年來廣受矚目。每個人都抓住機構使命的圖騰，這背後有充分的理由。[6] 根據研究顯示，使命型機構的股票價值超過同領域其他機構，從一三三%增至三八六%。前述的見解並非新意。一九九四年，詹姆斯・柯林斯（James Collins）和傑利・波勒斯（Jerry Porras）的研究回顧了一九二六年的情況，結果發現天命型公司在那之後的表現比整體股市好了十五倍。[7]

如果這算不上是新聞，為什麼今日機構使命會成為這麼大的話題？主因在於二十世紀多數時候以及二十一世紀初期許多人立足的策略規劃支柱，到了現在已經變得十分脆弱。有誰的「策略計畫」的時間長度是超過年度預算週期的？ＶＵＣＡ世界會對各個產業造成影響。策略縮短成季度戰略，季度戰術縮短成每週的衝刺目標，而且還是用手機傳達。

記住，當我們看著自己依循天命踏上旅程，就等於是知道天命具有以下特性：

- 天命是獨特的鏡頭，讓我們得以看見別人看不見的機會。
- 有了天命，就得以在不明朗的情況下做出決定。
- 天命可支持我們放棄易行的歧途，選擇難走的正道。

- 天命不隨時間不隨情況有所改變。

機構使命跟你的個人天命一樣，是不會改變的。它是不變的常數，其他東西都時常變化，因此務必要清楚理解你的個人天命與機構使命這兩件不變的事，並把兩者連結起來。

要找出你所屬的機構使命，請尋找機構裡一直存在的事，那件事一直以來確立了組織，也是組織最擅長的事。正如你關注童年美好時光那樣，現在要關注的是創辦時期，還有哪些關鍵經驗建立了機構。至於試煉時刻，每一家機構都經歷過。同樣地，每家機構也都對某件事懷以熱忱。

如果你所屬的機構擁有使命，那麼你就能追溯回機構的開端。留意天命在那些年是怎麼一次次展現出來。當機構的行動符合使命，會發生什麼情況？不符使命時，又會發生什麼情況？請看清使命當中的模式與韌性。這個過程是絕佳方法，可檢驗你心目中的機構使命實際上是不是機構使命。

你把本書呈現的影響力乘以機構裡的人數，就會開始體會到使命展現後可能達到的成果。機構的使命會推動策略上的選擇。根據四大國際會計事務所之一勤業眾信（Deloitte）事務所的研究，使命型機構具有以下獨特的投資模式：[8]

- 新科技（38%vs使命不明確機構的19%）
- 新市場（31%vs21%）
- 新產品與服務（27%vs17%）
- 員工培訓（25%vs11%）

簡而言之，使命型機構比其他機構更願意積極投下策略賭注。

如何讓機構使命奏效？

不過，做出這類驚人的事情，做出這類大膽創新的投資，到底是誰呢？不是不顯眼又無名的機構，其實就是你我這樣的人在機構的動人天命舞台上，落實我們自己的天命罷了。要是你的個人天命跟機構使命脫節，那麼你可能會有個很出色的簡報，但是從現在起一個月後會發生什麼情況呢？只要領導者能談論自己的天命，及其天命如何連結到機構的使命，那就能發揮強大的力量。

其實，機構使命具有強大的力量，很多公司會雇用顧問公司、廣告公司或行銷公司，為的就是制定機構的使命。你不該挑選人資喜歡的那種志向高或糖衣般的一串詞語，然後就以為找到了自己的個人天命。同樣道理，沒人可以把某個動人的天命灌輸到機構，然後就指望這樣就會起作用。記住，有了天命，我們就得以在自己的人生中，在所屬機構裡，為了我們自己，創造出意義來。難題來了。誰會真正為你創造意義？實際上，每個人都是自行創造自己的意義。他人可提供濾光鏡，但唯有自己能實際為自己找出意義。因此，如果你不知道自己的天命，而機構交由外部來定義機構使命……那樣你是做得到「在背後支持」天命，但你能不能在場上充分發揮呢？

過去十年來，我在天命領域輔導領導者，見過許多行得通的事，也見過許多行不通的事。凡是成功把天命和意義灌輸到機構的案例，都具有以下不可商量的特性：

1. 無法捏造，他假裝不了。
2. 指派關鍵職務，是成敗關鍵。
3. 把使命也應用在開會上。
4. 手下懂了就不要插手。

無法捏造，也假裝不了

如果你一直專心把我的話聽進去，到了現在就會意識到**天命是捏造不了的，也假裝不了的**。處於順境，也許還能相信機構的使命，據此付諸行動。大家都參加過那種有著戲法、花俏影片、漂亮場地、煙火的重要會議和活動。然而，情況不順利的時候，每個人都會留意到領導者是不是真的落實機構使命。如果你不知道引領著自己的天命是什麼，怎麼能完全投入於天命？若能知道天命並實踐天命領導法，其中一大好處就是有能力在艱困的時刻站出來領導。

回到舒茲和星巴克的例子，二〇〇八年夏季的黑暗時刻。你頓時處於最糟糕的情況，卻要實踐天命領導法，啟發和培養人文精神，要怎樣才能做到？你關閉六百家門市，淘汰一千個非門市職位，股價不到前一年的一半，第一次有季度淨利虧損達六百七十萬美元。

此外，有人建議你賣掉公司，投資人希望你廢除「公司持有及經營店家」的模式，改成加盟制度，店家只要支付權利金給星巴克就行了。還有人建議降低咖啡烘焙品質五%，不會有人留意到的。一堆人還說，要節省三千萬美元，最顯著的方法就是取消一萬名合作夥伴兩年一度的會議。

大部分的人都記得二〇〇八年的狀況吧。你的領導者在那段時期做了什麼呢？我眼見著幾乎每家公司都把活動取消或「延期」了。

舒茲沒有改採加盟制度，沒有犧牲烘焙品質，也沒有取消一萬名合作夥伴的會議。他的天命幫助他看清了一點，降低成本也許有助星巴克免於經濟困難一段時間，可是不投資在人員身上的話，星巴克就存活不下去。舒茲老是說：「咖啡是我們賣的產品，但我們不是在賣咖啡，我們是在服務人。」

這件事讓我回到了義大利的那間咖啡館，回到了他的頓悟時刻，那時咖啡師把濃縮咖啡端給他，人的關係親近起來。天命不在乎別人的想法，天命讓我們在碰到難關時還是付諸行動，帶來實質的影響。

在這個瘋狂的時刻，舒茲還決定公開宣布「星巴克共愛地球」（Starbucks Shared Planet）計畫。該計畫在東非開設了更多家的種植者支援中心。二〇一五年，星巴克咖啡百分之百以合乎道德的方式採購。二〇〇九年，星巴克採購的公平貿易咖啡增加一倍，受益的種植者數以千計。

假如我們的業務處於這麼險峻的情況，有多少人會採取舒茲的做法呢？

事後看來，這種做法很成功，畢竟今日星巴克股價是最低點的二十倍。然而，在那一刻，舒茲似乎把天命心聲給聽進去了，也實踐了天命領導法。

天命領導法是假裝不了的，情勢艱鉅時尤其如此。我知道你可能會想：「嗯，我又能做什麼呢？公司不是我的，創辦人又不是我。」找到機構的使命與我們的天命之間的連結，就好比義大利咖啡館裡的那一刻，你像是突然被打中了一樣，忘也忘不了。那不是發揮理智的過程，而是觸動心靈的過程。依循內心天命落實領導，就什麼事都能面對。

指派關鍵職務，是成敗關鍵

機構使命成敗與否，獲選擔任關鍵職務的人員是一大因素，這點自是理所當然。真誠又天命導向的人都能輕易認出哪些人只是在利用制度讓自己取得優勢。當你在機構內把使命確立下來，大家都看得出來。有人不配合機構的使命，大家也都察覺得到。

幾年前，我替某家很有名的使命導向機構開設學程。到了第三年，各班三十位領導者都比前一年更有活力更活潑。課堂外發生的情況加上課堂內修習的內容，成效斐然。接著，事情發生了。在我教導下一班三十位資深領導者的前一天，上層發表重大消息，有兩人晉升到最高層的主管職位。這情況就有如上層決定把黑武士加入最高層的團隊，原先愉快又有活力的一群信徒頓時生起氣來，抗拒不已。全體都認為機構挑出的人選是騙子，也不符合機構的使命，高階主管在過去三年做的所有好事在那一刻全都一筆勾銷。資深管理團隊花了十八個月以上的辛苦工作，還做出了一些改變，才讓制度重回晉升前的情況。

有許多事情是我們掌控不了的。你能掌控的就只有你的部屬，以及部屬有多傳達出機構的使命。如果你所屬機構的使命是「為人生注入活力」，那麼務必要挑選出做得到的人。如果你挑出的人選會把旁人的活力都給吸光，那你可就有大問題要處理了！

把事情做對是最引人注目、最重要、最困難的，因此務必要把事情做對。

把使命也應用在開會上

我們的人生花了大把時間在開會。努力落實使命的機構，也會把使命應用在開會上。我替星展銀行高層團隊上課後，就有了前述的感想。我們已經花時間處理個人天命，現在該重新找出機構使命了。

在新加坡長大的團隊成員開始分享小時候去銀行很開心的經驗。有人想起小時候的可愛回憶，她把小豬撲滿帶到姑姑那裡，姑姑是銀行的行員。還有人說客戶寫了感謝函，信中用了「愉快」一詞。經過一段時間以後，我們終於重新連結到機構的使命宣言：「愉快的銀行體驗。我們試著戴上『愉快的銀行體驗』的眼鏡，開始找出一堆例子，證明銀行這些年來確實帶來愉快的體驗。」

有人提議說銀行和愉快是相關的，原本班上學員還很抗拒，但討論過後就都認為「愉快的銀行體驗」就是星展銀行的使命。班上學員覺得自己重新連結到銀行主要業務的核心要素。人人都能重新連結到一直以來引領著自己的個人天命，而機構也是同樣道理。

會議帶來的活力——每位領導者都「理解」自己個人的天命並且真正重新連結到機構使命——具有重大意義，從而展開的各種行動更是深切影響到銀行實踐使命的能力。還有，我永遠也想不到的事情竟帶來極大的影響。銀行員工（不是高層團隊）決定制定規矩，指派「愉快觀察員」（Joyful Observer，ＪＯ）負責記錄會議，確保大家在過程中都觀察到愉快的情況。這成了銀行的常規，而且可能比其他事情還要更有助於落實使命。

那麼，如果你把你的機構使命應用到下一次的會議，會發生什麼情況呢？

手下懂了就不要插手

在有使命的機構，身為領導者的你會遭受考驗。某一刻，你的部屬會相信機構的使命。然而，他們需要考驗你，看你是不是真的傳達出機構的使命。

當你遭受考驗時，你和考驗你的人在那個當下可能不明白怎麼回事。天命有時是像那樣的，唯有我們回首過去，才能真正看清天命對情況造成何種影響。然而，這些年來，我見過許多頗有意思的考驗例子。星展銀行執行長高博德（Piyush Gupta）與高層團隊認真看待「愉快的銀行體驗」的落實，而星展銀行機構開始明白到這點以後，除了這句會議心法，還有很多美好的事情發生。短短一年，跟使命有關連的計畫和專案紛紛冒了出來，數量多得驚人。請見以下例子：

1. 我們採納「旅程思維」並教給全體領導階層，在兩年的時間進行四百多個客戶旅程和員工旅程。旅程的重點在於替客戶省下好幾個小時的時間，創造真正愉快的體驗。
2. 我們把資源投注在過程上，例如：科技排序、實體空間等。我們的「愉快空間」計畫進行工作空間的改造，還騰出幾個空間供旅程團隊工作用。
3. 我們修改平衡計分卡，引入「愉快的銀行體驗」關鍵績效指標，這樣就能量測進度。這占計分卡的二〇%。
4. 我們調整外部行銷，展現愉快的銀行體驗。

從採納的觀點來看，還有一點更重要，使命已經成為銀行裡每個人看待各過程的方式。

星展銀行從上到下每位員工在各個步驟都會提出這個問題：「XXX是不是真的『創造出愉快的銀行體驗？』」

《富比士》甚至以執行長高博德為主角，刊登〈星展銀行能不能創造出愉快的銀行體驗？〉一文，描述其影響力。[9]

前述事情和其他事情就是我們期望發生的。然而，考驗來了。星展銀行年年都會碰到一種情況，那情況呈現出銀行天命具備的好處和銀行面臨的重要難關：根據新加坡傳統文化，過年前兩週，舊鈔要換成新鈔。大家都去臨櫃等著換鈔，你可以想見會有何影響。星展銀行內部有人決定，在那兩週期間，新加坡幾個最繁忙的營業據點要放置移動式ATM。執行長接受電視訪談，因節省民眾排隊時間而獲得讚譽。執行長還有機會說：「我們創造出愉快的銀行體驗。」訪問過後，執行長跟資訊長在電話上聊了一下，問道：「是誰做的？為什麼沒讓我參與決策？」資訊長回答：「嗯，如果我們要創造出愉快的銀行體驗，就不能讓你每項決策都參與！」

天命會考驗我們，要我們找出更深刻的智慧與能力，讓別人去落實他們的自主力、精通力、天命。有時我們需要同事的幫助才能通過考驗。

回到索爾海在班傑利公司的冒險旅程吧（第一章）。索爾海的使命宣言是：「在矛盾又不明朗的情況下，幫助人們成長茁壯，做好真正重要的事情。」他顯然不是班，也不是傑利，他的挪威口音透露出他不是在佛蒙特州長大的。

他共事的員工早年跟隨班和傑利，那些員工很清楚落實公司天命是何感受，是何模樣。頭十八個月，喬斯坦大有進展。然而，考驗總是會出現的。

喬斯坦的考驗來了，產品開發主管根據《週六夜現場》亞歷鮑德溫演出的幽默短劇，提議推出新口味的冰淇淋 Schweddy Balls〔史威迪的球，Sweaty Balls（流汗的睪丸）諧音〕。那短劇名聲不太好，起初喬斯坦立刻拒絕。然後，喬斯坦答應了。[10]

美國業界很討厭那個口味，消費者倒是愛死了。沃爾瑪（Walmart）執行長要求底下團隊不要販售 Schweddy Balls，這件事讓人不由得停下來想一下。Schweddy Balls 成為班傑利公司十分成功的行銷案例，各家新聞媒體不得不播報。二〇一一年聖誕季，民眾都不由得在想著那口味到底滋味如何。班傑利公司重回瘋狂品牌的地位，做著別人不願做的事情，做著自身逃避不了的事情。

那麼，當初為什麼要做呢？推出有點不恰當的口味有可能引發雪球效應，導致班傑利公司所有口味下架，引發公眾負面感受，惹得客戶不高興等等。前述有些事確實發生了，某個很有影響力的母親團體聽到小孩在講 Schweddy Balls 的事就很不高興。有些主要零售商對此感到不悅，花了點時間才重建信任，業務在一段時間後才獲得成長。然而，喬斯坦很清楚，那就是他必須通過的考驗，他要向員工證明，他會忠於班傑利公司的象徵。他會不會站出來證明自己會真正落實機構的使命與個人天命？他會不會對上層和主要零售商讓步，說我們不會展現班傑利公司的形象？他會不會做某件事來完美展現出這個瘋狂、美好又有點不恰當的經典品牌，證明個人的天命和機構使命是一致的？

自從那一刻以後，員工全都意識到喬斯坦充分站在場上發揮。那些有如班傑利公司靈魂的關鍵人員就此大力支持喬斯坦。前一陣子，班稱讚喬斯坦，說喬斯坦是青出於藍更勝於藍。在和諧一致的天命下，班傑利公司——老品牌的優質冰淇淋公司——在喬斯坦帶領初期是一位數衰退，如今成長已達兩位數。喬斯坦會對你說：「我沒做什麼事讓公司成長。」就某些方面，他說的沒錯。然而，假如他當初沒有通過 Schweddy Balls 的考驗，關鍵人員就不會留下來，公司也不會成長到今日的規模。

通過考驗的，不是機構，而是我們。不是人人都有機會——像《週六夜現場》的亞歷鮑德溫和班傑利公司的人員那樣——能讓自己露出更多一點的微笑。然而，人人都有個天命，只要依循天命的引領，那麼對我們而言、對我們所屬的機構而言，天命就會是舉足輕重。我們真實樣貌與機構達到一致的話，就能造就不同，帶來影響。你可以像別人那樣開會，讓人們升遷，但這樣做的話，就不要期待結果有別於他人。你也可以傾聽那個引領著機構的使命，傾聽那個引領著你的天命，絕對不要回頭看。

第 17 章

想轉型與精通，就待在天命室

舉足輕重的，不是評論家，不是指出壯男摔倒的人，也不是指出實踐者哪裡原可做得更好的人。功勞要歸於實際站在競技場上、臉龐沾染塵汗血的那個人；功勞要歸於堅定努力的那個人；……假如他失敗了，充其量只不過是大膽挑戰後失敗了，他的地位是冷血又膽小的靈魂永遠無法企及的，那些人既不懂勝利也不懂失敗。[1]

——羅斯福，美國第二十六任總統

布芮尼．布朗撰寫的本書推薦序讓我們踏上了旅程，探究使命感帶來的影響。在此以布芮尼最愛的演講內容作為我們共度的時光的結尾，那段內容是布芮尼的著作《脆弱的力量》的根基，現在就透過天命鏡頭，來看看羅斯福的演講內容吧。你在競技場上嗎？還是說，你是那種「冷血又膽小的靈魂，既不懂勝利也不懂失敗」？這個強大的問題勾勒出使命感，的現實狀況。我們當中有很多人都會給予肯定的回答，我們想要站在競技場上。[2]然而，你在本書讀過了若干人物的故事，在那些人——包括我在內——的心目中，天命其實總是在競技場上，難就難在於全心傾聽。天命領導法的精通是一趟旅程，隨著時間的推移，我們進場又退場。我首次讀到羅斯福的演說內容，立刻心領神會，他所說的「競技場」就是本書通篇提及的天命室。

Part 3 各章是以第七章的明確與信心做為開始，講述我們如何以另一種方式體驗使命感，就是超能力。各章舉例說明那些實際在「競技場上」的人物，比如說：艾弗瑞特，在波士頓馬拉松爆炸事件率先做出因應；賈姬，付諸行動，帶領硬體零售商轉型；最後是前一章的喬斯坦，有著一連串的冒險故事。別人在場邊等待，而我們擁有天命，採取行動。領導不是叫別人去做事，領導是自行採取步驟，在一段時間過後，別人就會想要跟隨。

天命引導著你去需要的地方

天命猶如一把銳利的劍。一知道自己的天命，就也立刻知道自己何時是在實踐天命領導法，何時並未實踐。找到天命的時刻，就是覺醒的時刻；覺醒了，就能看清。你會立刻站在天命室裡，亦即羅斯福的競技場上。你知道什麼很危急，你有一定程度的動機與投入感，足以勝過那些坐在場邊、冷血又膽小的靈魂。

我請領導者回顧過去六個月，認出哪些時刻、哪些行動、哪些事件很有天命，哪些沒有，而他們很容易就能列出來。沒有洞察力，就沒有精通可言。**有了天命，就能邁向個人轉型與真正的精通，完全跨入你應該待的天命室。**

道夫——先前提過他那引人矚天命剛果經驗——是那種向來快速晉升的高階主管。道夫的天命是：**「成為園丁，以無窮的好奇力量，培植更美好的世界。」**道夫和我經常談到他落實天命時獲得的動人經驗。不過，我們有過的討論當中，最易懂、最深刻、最有幫助的，是在講他並未有力傳達出天命的時刻。

道夫很有天賦，他的大腦處理資訊及想出答案的速度比絕大多數人還要快，這點有很大的好處，也有很大的壞處。如果天命是成為園丁的話，就必須給別人成長的空間。在這一點上，道夫做得很出色。他對機構發表簡報時，他坐下來一對一面談，支持對方處理難題時，他統整複雜的資料，找出一個有利每個人的答案時，最是能表現出他是怎麼善用這項天賦。

道夫的難題在於如何把聰明的腦袋應用在團隊會議的管理。在天命引領下，他以別人辦不到的方式處理工作。他意識到自己這樣有可能會太緊迫盯人，太涉入主題內容，太快解決複雜的問題，把他的團隊拋在後頭。他是在幾年前認知到這點的，當時他請教練跟他的團隊會談，幫助他改善狀況。根據全方位意見報告，最大的缺點就是沒跟他的團隊一起落實他的天命。他不能什麼事都自己做，必須讓別人自行思考並釐清狀況，這樣才能幫助別人成長。

這或許是他身為領導者最困難的一門功課，從此以後，他有了很大的進步。是要為了天命而去努力？還是要滿足自己成為在場最聰明者的渴望？道夫面臨的兩難困境，很多人都會有共鳴。跨出舒適圈，追隨天命，會創造出有意思的張力狀態。擁有成熟與智慧，才能離開舒適的看台，進入天命室，跨入競技場。別人一再叫我們專注於自身優勢並且發揮優勢，但優勢要是對我們的天命造成妨礙，會發生什麼情況呢？道夫學到了一點，不斷去解決所有問題，其實什麼事也解決不了，也沒人會獲得成長，反而團隊會一直很脆弱，老是依賴他。團隊會覺得我們不用現身，反正道夫會做。

道夫收到教練給的意見報告，最初的反應就跟我們會有的反應一樣，他找理由不去相信資料或找藉口辯駁。道夫原本可以輕易忽視那些意見，繼續過度發揮他的能力，不斷解決每個人的問題。不過，在那一刻，他做出聰明的舉動，那就是站在天命室。他可以一輩子都當「在場最聰明的人」，在擔任領導職務時放下天命；但他也可以實現天命。在其他許多的脈絡和情境下，他那快速的心理歷程顯然是不可或缺的能力……但對團隊不能這樣處理。

這則故事蘊含精準的洞察力，展現出何謂真正的精通。有了天命，就會明白自己必須選擇現身的方式，就會認清自己會對別人造成何種影響。近日常常聽到這種說法：「專注在你擅長的事情上。」天命會對我們說：「你想要真正精通嗎？那麼，我們進入競技場吧，回到天命室吧，努力造成真正的影響，那是你獨特的人生應當帶來的。」

跨出舒適圈起初會很笨拙。幸好，更高一級的天命領導法一旦精通了，就會再度找回流暢輕鬆的感覺。道夫不再屈服於自行解決問題的那份渴望，他變得更放手讓團隊努力找出答案。放手不是他的天性，可能永遠也不會是，所以他不得不每次都做出選擇。他終於明白了，當下感覺不錯的做法，一段時間過後就會覺得不滿意，畢竟天命一直在記分。

如何回到天命室？

不是誰都能把人生百分之百用在實踐天命上，但是只要知道天命，就會有選擇。你進入天命室了嗎？我發現這過程有其週期，請見下方圖表17-1。

以為自己絕對不會脫離軌道，這樣想是很好。不過，經過一段時間後，我們會縮短週期時間。那是個機會，可以把週期當成是天命贈與的大禮。有位同事曾經對我說了合氣道創始人的故事，天皇要求合氣道大師把功夫教給其他的武術師父。教了幾堂課以後，其他的大師都沒了精神，因為合氣道大師絕對不會失去平衡。不過，合氣道大師這麼回答，其實他一直在失去平衡，他是不斷在重新找回

圖表 17-1　進入天命室的週期

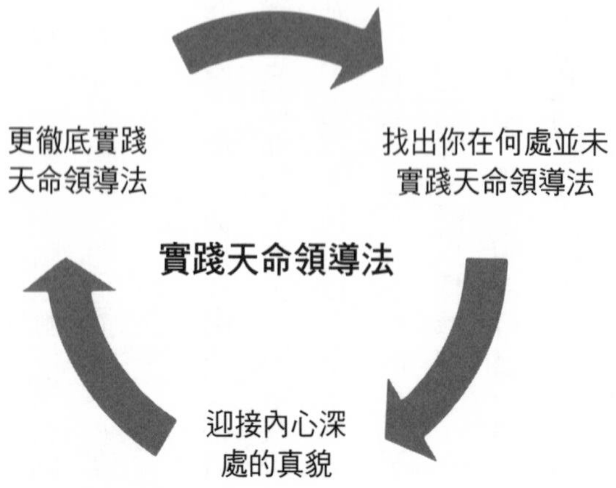

平衡。而天命也是同樣道理。

如何找出內心深處的真貌？在最好的情況下，我們會在某一刻意識到自己並未實踐天命領導法，從而思考自己如何把天命應用在該處境，然後走回天命室並落實領導。沒錯，對許多人而言，其實就是那麼簡單，又真的很有效。我總是十分訝異，這麼簡單的舉動竟能大幅影響我的感受、說法、做法。

在其他情況下，提醒我們該走回天命室的，卻是別人。在自我認同的那一章，我們見識到別人跟我們的天命交流時可帶來多麼強大的力量。別人叫我們進入競技場時，這件事我們多半都會清楚記得！下文舉的例子是取自於我自己的旅程。

我經常教導天命學程。某次學程，我遭逢挫敗。有些學員很愛冷嘲熱諷，其中一位的外表舉止都像個老師。我通常能沉著處理冷嘲熱諷的學員，但那一天，冷嘲熱諷的態度加上難應付的老師人物，把我給打敗了。我覺得自己沒在天命室裡，反而掉入了深坑，拖累了學員。那天傍晚，我坐下來，跟該公司的人才培育主管談了，讓她知道我遭逢挫敗，掙扎不已。她直視我的眼睛，說：「那麼，我認識的、見過的那個尼克，到底在哪裡？現在，我要怎麼做才能幫他現身？」在那一刻，我覺得她是在對我的天命講話，請我回到天命室。重點不在於她說了什麼，而在於她直接請我回到天命室。那一刻帶來充沛的活力，內心深處的真貌獲得認可，我彷彿從深沉的睡眠當中醒了過來。幸好多數人需要想起的內心深處的真貌，就是我們帶給這世界的獨特天賦——我們的天命。隔天的狀況就是截然不同的體驗了，對學員而言是如此，對我自己而言也是如此。我讓那位老師人物加倍發揮他的影響力，最後我們都笑了出來，因為他想起當初自己也碰過類似的情況。

回到道夫的旅程，他要做到天命導向的行為，在會議上少講一點話。他習慣在會議上踴躍發表意見，但他的天命就是要他少講一點話。道夫意識到這點以後，就安排了個機制，以利聆聽內心深處的真實聲音。

道夫跟團隊共同檢討他的全方位報告，討論著他需要做出的轉變，還有他想獲得的意見。他請幾個人在每次開會後給他意見，他挑選的是管理團隊裡並非直屬部下的幾位成員，畢竟你也可以想見，請直屬部下提意見並不容易。關鍵在於找出真正信任的對象，中立得足以把我們內心深處的真貌告訴我們。另一個難題在於挑選的人員要對討論內容保密。其中一位給道夫意見的人，就是試煉故事那一章提到的史黛西。史黛西擔任傳播主管，被指派到道夫的團隊，她的上司是公司老闆，她的的使命宣言是：「發起值得投入的戰役，讓頭髮往後飄揚。」所以當她直接提出意見，我還真希望自己是牆上的蒼蠅，旁觀就好。道夫勇敢挑選出沒有利害關係又很期望他成功的幾個人。

有時，身邊沒有信任的人可以提點我們，宇宙就會重重敲打我們的腦袋。以這種方式承受內心深處的真貌，就我個人的例子而言，並沒有像我第一個故事那樣有趣，卻有效證明了回到天命室可獲得多大的力量。

前陣子，我開設一門學程，覺得自己的表現是滿分。三天期間，我在高階主管面前，成功又完美地展現出洞察力和幽默感。只是有個問題，學員覺得課程的進行根本不順利。學員的英語技能還算過得去，不算優秀。學員對於學程給的意見都很一致，他們都認為我講話速度太快，覺得我在笑他們，不是在跟他們一起笑。如果我的天命是喚醒大家，讓大家獲得回家般的歸屬感，那我就真的搞砸了。原來是我的幽默表達得不好，我渴望聽見自己說些有意思的事情，想讓大家開心，我順從了這樣的渴望，沒有實踐天命領導法。我回顧那次的學程，想到休息時間跟一些學員談的話，才發現學員要很努力才聽得懂英語。我之前還在想著，大家上課為什麼都在看手機，後來才發現他們是在查單字，努力弄懂我在說什麼。那天以後，我現在會找英語能力最不佳的學員當顧問，只要我講話講得太快，只要我引用了那種以美國為中心的難懂句子或用詞，在我耳裡聽來很厲害但在他們聽來完全沒意義的話，這個時候，那個人就要舉手提醒我。

天命是一趟持續不懈的旅程，我們要找出內心深處的真貌，可以更完整了解自己獨特的天賦。

邁向天命室，必須穿越自身的偽善

我們在某些方面會比別人更容易實踐天命領導法，大部分的人都是這樣。資深高階主管多半一輩子都在改進他們的技能，改進他們的技能應用在這世上的方法。對我個人而言，對我輔導過的許多領導者而言，職場正是屬於這個範疇。當然了，我們總是能改進自己在辦公室的領導力，但是要在使命感跨出一大步，就要換到另一個競技場。

在此我要提出以下問題：「**你身為領導者，在哪方面更徹底實踐天命，會獲得最大的喜悅與滿足感？**」對於那些仍然努力爬上職場高位的人而言，答案往往是做出關鍵決定或改變企業策略。然而，最成功的領導者會這樣回答：「家庭和私人生活。」

在我輔導過的領導者當中，有許多是每隔兩、三年就要拖著家人前往新的國家，進入新的學校制度，適應新的文化，學習新的語言，這會造成頗有意思的張力狀態。我們把百分之一一〇%的天命都給了工作，我們關愛又同住的親人只落得難堪的困境。

在前幾章，我們從萊恩的旅程中聽到了他那身心障礙女兒的事情，還聽到了普利拉娜的故事，她在拯救世界上碰到難關，她的健康和家人也付出代價。前述這兩則故事猶如警鐘，比起眼前的工作難題，其實還有其他機會可以更深入實踐天命領導法。也許，原因出在於多數人在職場上碰到的困難時刻有開頭、中間、結果，而有九五%的時間，結果就是贖罪和洗心革面的成功故事。想想藍傑的故事吧，他覺得他該拿到職位卻沒拿到，但他還是落實自己的天命，支持別人。然後，差不多就像超能力一樣，他獲得重大晉升。只要堅持得夠久，最後就會克服難關。就算情況變糟糕、永遠無法恢復原狀，還是會有下一章，到時我們會有重大頓悟，知道自己需要做些什麼才能重回巔峰。

然而，家人和私人生活就不一樣了。對多數人而言，人生的冒險是長時間的或複雜難解的，沒有容易的解決之道。我們克服風險時慣用的方法就是解決根本問題，但在家人和私人生活方面，毫無用武之地。我們必須找到內心更深的地方，一段時間過後，那裡就會有更深的平靜。然而，發生過的事情往往無法收回，沒做的事情往往無法處理。在這裡，天命可造成最大的影響。這裡才是真正重要的競技場。我說個故事來點出重點吧。

四年前，我教完課，剛回到家。那時，我是離了婚的單親爸爸，有兩個女兒，分別是十六歲和十三歲（前文提過的芮妮和姬莉）。那個週末，我負責開車載女兒去參加活動。我的目標是彌補我不在的所有時間，基本上是九〇%的時間，我非常感激前妻和她丈夫，兩人都會開車載女兒去參加活動。

頭二十四個小時，情況十分順利，我載女兒去買東西，載女兒去參加社交活動，然後一切分崩離析。星期六晚上，我載十六歲的芮妮去參加派對，載十三歲的姬莉去當臨時保姆。我去吃晚餐殺時間。晚上十點整，我依約接了姬莉。我應該十一點要接芮妮，卻提早十五分鐘到，她很不高興。回家路上，她崩潰了，因為她覺得很丟臉，比別人還要先被接走。其他孩子都可以留下來，他們的家長在外面等，就我這人不懂規矩，走了進去，從派對上把她給拉了出去。

就在此時，十三歲的姬莉開始朝芮妮大吼。她們一發動攻擊就毫不留情，而那段日子，她們常常吵架，什麼事都能吵。那一刻，我失去理智，對她們大吼，最後只剩一片寂靜。

我們全都這樣做過。問題就在於我不是第一次那樣對女兒。不知怎的，當時的我覺得自己在職場上能夠完全待在天命室，回到家跟女兒相處，卻是個疲累不堪又脾氣暴躁的渾蛋。

隔天早上，兩個女兒起床後，對我說，她們再也不想花時間跟我相處了。這個內心深處的真貌，是我真的不想聽到的。我記得自己坐在那裡，意識到她們是有選擇的。這個傢伙幫別人找出天命，卻不能在最需要的時候當個聰明的爸爸。

真希望自己有個快速解決的辦法，可是有些事情需要時間。多年來為別人盡心盡力而造成的損害，實際上花了我兩三年的時間才得以修復。我看著自己的天命：「讓你清醒過來，讓你終於獲得回家般的歸屬感。」我覺得好痛。這次事件過後，長達數月我都有一種強大的失落感，筆墨難以形容。最後我不得不回顧人生的每個部分，重新思考當父親的意義。

我的第一步就是營造出更安全的空間，好讓我們談談我這些年來對她們造成的影響。我列出了希望自己當下沒那麼衝動反應的一些時刻。我請女兒回想爸爸過度反應的時候，列出十大清單，第一個意想不到的發現就是她們列的清單跟我不一樣。內心深處的真貌就是如此，我們之前沒認清的，就此揭露出來，使我們得以更快回到自身的天命。我第一次認清了女兒感受到的我。我認清了自己採取的哪些行動可帶來深層的安全感，哪些行動會讓女兒覺得受到忽視。

在優秀的家庭諮商師的幫助下，我們慢慢開始重建父女關係。有一次，姬莉模仿我不高興的樣子，那種感覺我永遠也忘不了。也許，唯一能讓我度過這整個過程的，就是我的天命了。我不斷自問，有什麼能讓我們感受到自己「終於獲得回家般的歸屬感」？

我們付出許多努力，終於度過難關。這兩年來的父親節，我都會收到姬莉和芮妮合寫的信，她們謝謝我當她們的爸爸，謝謝我努力成為今天的爸爸。兩位女兒對於父女相處的情況有什麼想法，還是會常常告訴我。我內心深處的真貌現身陪伴著她們。我很清楚，過去發生的事情，我永遠無法真正修復，但我有選擇，我始終可以更盡力去當個好爸爸。天命始終在那裡，在我跌倒時扶住我。

我們全都經歷過最艱鉅的難關。寫出這件事很冒險。然而，看清內心深處的真貌，更徹底進入天命室，就更有活著的感覺。這就是我從這件事當中獲得的其中一項恩賜。

你也許會問，我跟女兒的狀況會不會影響到我在職場上身為領導者的狀況。事實證明不穩定的爸爸在辦公室也是個不穩定的上司。隨著我在家庭那裡開始跨入天命室，我開始認清辦公室裡也發生同樣的情況。我有一堆好藉口，比如說，有時差，開新學程的壓力很大，因應全球業務管理步調的同時，還要處理一天二十四小時不停寄來的電子郵件，電話系統決定停止運作等等。實際上，我身為這行的思想領袖與文字工作者，還是會看情況選擇著做，情況輕鬆就進去天命室，情況困難就不進去。修復過程要付出的努力少多了，卻還是同樣重要。近日，辦公室裡那些做了很久的員工都說，我這上司比以前親切多了。辦公室的笑聲多了許多。我一有疏忽，行政助理麗茲就會走進我的辦公室，直接問：「你還好吧？」她的語氣像是在說：「你不好，你需要暫時休息一下。」因為她在乎。

大家實踐天命領導法，一日復一日謙卑地做下去。某天情況好，我可能領先你一步，但那並不表示我不會跌倒。關鍵就在於趕快站起來，走進天命室。難處正如密西根大學鮑伯・奎恩（Bob Quinn）所言，對多數人而言，**要邁向天命室，就必須從自身的偽善穿越過去**。看見自己說的話與做的事之間有了鴻溝，心裡感到太過痛苦的時候，就會跨出舒適圈，鼓足內心的勇氣，更徹底實踐天命領導法。

> 時常監督自身不正直的舉動，就會變得更加正直……我們不願認清自身的偽善。然而，認清自身的偽善就有可能促成改變。痛苦那麼多，於是我們願意把正直鴻溝給彌平，然後為了有所改變而鼓足勇氣，最後就得以跨出舒適圈，展

開轉型的過程。[3]

——羅伯特・奎恩（Robert Quinn）

經由刻意練習達到精通

安德斯・艾瑞克森的研究強調三步驟模式的好處，本文在道夫和我的故事都探討過了。艾瑞克森一輩子都在研究各領域的大師和普通人之間的差異，結果發現大師的練習法有別於多數人，技能嫻熟的音樂家、運動員、其他領域的專家全都做了艾瑞克森所稱的「刻意練習」。進行刻意練習，就是有自覺地選擇跨出舒適圈，因為你想達成自己覺得很重要又差一步的事情。[4]

- 首先，你必須認清哪個行為是自己很想做卻要再拓展能力才做得到。比如說，道夫想改變他開會時的行為，我想全心陪伴女兒。
- 其次，營造出一個可立即提出意見的環境。比如說，道夫和我都安排了個機制，可直接聽取意見。我們的計畫也許不如鋼琴大師那樣嚴格，卻也都是遵循同樣的原則。

- 反覆進行同樣或類似的行為或作業。經常重複練習，一再聽取意見，這些都很重要。

根據艾瑞克森的看法，懂得這種做法的人太稀少了。我之所以欣賞艾瑞克森的研究和見解，是因為那樣的行為或活動使得真正的努力和挑戰成為必可不缺的環節。此處重要的是「拓展能力」的環節。沒有拓展能力，就沒有刻意練習。請注意，這裡在講的不是運用自己很厲害的強項，不是去做自己自然而然能做到的事情。重點是努力專注在自己無法真正勝任的領域，花大量時間反覆去做。

意見必須立即提出，如此一來，經過一段時間，原本是自覺沒能力做，就會變得不自覺有能力做，也就是自然而然會做。我女兒一旦習慣給我意見，就會說：「爸，冷靜。」實際上，這樣竟然行得通。我會花十五分鐘暫停休息，然後我們回到正軌，邁向我們真正想要發生的情況。

說明白點吧，這種練習非常費力，又令人意識到自己的不足，我們會不斷看見自己實際上的表現和想做到的行為之間是有鴻溝的。

如果把艾瑞克森的研究和見解，結合達克沃斯的「恆毅力」研究，就會發現一個共通的主題，對各領域大師產生最大影響的是動機。在所有案例中，表現傑出者都是有動機堅持下去，做艱難的刻意練習做得夠久，才成為真正的大師。有個不爭的事實，精通與否不在於天生能力，關鍵在於恆毅力、刻意練習、反覆進行。

- 能否成為真正的大師，取決於有無長久的動機。
- 就算面臨困境、負面意見、一堆意見，仍能保有長久的動機，回去做自己覺得不自在的事，這些才是不可或缺的要件。

天命是動機之母，讓你感受「心流」時刻

看看你個人的經驗吧。你何時有過那種程度的長久動機？我輔導過的絕大多數領導者，還有我自己，都會對新冒險、新工作、新技能、新方向感到振奮不已，可是一段時日以後，卻眼見著動機的光芒黯淡下來，消失不見。我們的書架、櫃子、儲藏室，裝滿了追求新領域、新技能時必備的、推薦的一流物品。而有些人是動機減弱了，就會完全轉換職業。

回顧童年美好時光，回想當初做著最喜愛的事情，回想當初度過最艱鉅的困境，自己是如何面對而後成長茁壯，不是只顧著存活下來。回想內心的熱忱並未隨時間的推移而消逝，

仍與自己相伴。像這種時候，我們真正回顧的到底是什麼？我們一輩子都保有的終極動機就是天命。

從達克沃斯的大量研究看來，她也抱持同樣的看法。**「就我看來，對多數人而言，天命就是力量強大的動機源頭。也許會有一些例外，但例外少之又少，這恰可證明常規的存在。」**[5]

動機的意思是「某種行動方式或行為方式背後依據的理由」。你的天命就是你的核心本質和行動理由，可用於展現出你這個人的特色。天命激勵我們把自己的獨特天賦帶給這世界。伊扎克．帕爾曼（Itzhak Perlman）和約夏．貝爾（Joshua Bell）都是世界級的小提琴手，兩人都是刻意練習的大師。然而，縱使演奏的是同一首樂曲，兩人還是各有獨具的風格。你打算在哪個舞台上演奏音樂？想演奏什麼樣的音樂？那是天命的低語，是內心最深處最純粹的動機。

你現在會想，實踐天命領導法是否只有助於激勵你去做那些辛苦又困難的事情。不是這樣的。

只要實踐天命領導法，許多時候就會感受到「心流」。在那種時候，做起事來毫不費力，時間飛逝，體驗到愉快感。米哈里．齊克森米哈里（Mihaly Csikszentmihalyi）終生研究那些處於「心流」狀態的人們。「心流」是一種做起事來毫不費力的經驗，還會產生正面的成果。至於可傳達天命與「心流」經驗的活動，我訪問過的人都能列出一長串的活動清單。達克沃斯說得好：「刻意練習是為了做好準備，心流是為了做好表現。」[6] 天命是前述兩個地方都在場，激勵我們去做好必要的辛苦準備、奮鬥、努力，還有長時間不顯眼的努力而達到的美好表現。

有一次，我跟哈佛商學院院長尼汀・諾里亞（Nitin Nohria）共同教授高階主管學程。他教課講述案例時展現出的能力，令我為之讚嘆。我在課堂上體驗了美妙、有趣、迷人、滿意的九十分鐘。之後，他對我說：「多希望他們知道，看起來這麼毫不費力，需要花一萬小時的練習。」

有了天命，我們在練習中、在心流時刻，就會感到愉快。天命是動機之母。

由此可見，越是明確得知天命，那麼在留意到心目中很重要卻還在設法做到的那些地方，就越是會露出微笑。你要知道，變成大師的那些人剛開始都是跟你一樣，缺乏技能與能力，但他們擁有動機，別人停下來的時候，他們還是繼續往前邁進。天命不會短時間內就停下腳步，天命會一輩子引領著你。越是保有天命，就越是能看到鴻溝，越是能跨出舒適圈，進入天命室，達到精通程度。

思考要點

1. 在這一刻，在實踐天命領導法方面，你覺得自己的表現可以拿幾分？
2. 哪些情況有助於更徹底實踐天命領導法？
   a. 假如你在這類情況下徹底進入天命室，你和旁人會受到何種影響？
   b. 在你的人生中，有誰能讓你想起自己帶給這世界的獨特天賦？你可以如何應用於這類情況？
3. 你何時最能感受到自己處於「心流」狀態？
   a. 請具體說明那一刻。
   b. 你能體驗到這種心流狀態，需要花多少個小時的練習？
4. 你的天命希望你下次在哪方面能做到徹底精通？

後記

使命感，讓你獲得回家般的歸屬感

那一刻會到來
到時，與高采烈，
你迎接自己來到
自家的門前，自己的鏡中，
見了對方迎來就露出微笑，

說聲，請坐，吃吧。
你會再次愛上那個陌生人，那個你。
給酒，給麵包，把你的心還給
心，還給那個陌生人，那人愛了你

一輩子，你置之不理，
愛上別人，可那人由衷懂得你。
取下書架上的情書，

相片，絕望的字條，
從鏡子上撕掉你自己的鏡像。
坐吧，享用你的人生盛宴吧。

——〈愛復一愛〉，作者德瑞克．沃克特（Derek Walcott）

我們終於一起來到冒險旅程的結尾。沃克特的詩作完美總結了天命帶來的恩賜與難關。天命真的是那個愛了我們一輩子的陌生人，是那個我們置之不理的陌生人，因為我們重視別人意見，忽視自己的意見。

我這大半輩子設法「抵達終點」（意思是有所成就），設法爬到該爬到的所有位置，期盼著大家「見證」我取得一席之地時，就是做出一番成就的時候。

就我大部分的職涯，姑且不論情況有多順利、我有何感受，我都必須回答這個問題：

「我表現得還可以吧？」我把權力交給了誰，誰就有如神一般，他們說的話左右了我的現實。如果他們覺得情況很順利，就算學程或專案裡有些成員不喜歡，就還是沒問題。可是，如果他們真的不喜歡，就算所有人給的意見都是很棒，我還是會非常難過。

過去十年，有件事開始轉變了。在此說清楚，外在世界沒有改變，外在世界只是更不可預測、更瘋狂罷了。

改變的是我加深了自己跟天命之間的連結感，我跟權威者之間的關係隨之有所轉變。我還記得五年前在倫敦開設的學程，那是改變的開端。那次學程結束後，我的內心非常平靜。我看著我們完成的一切，意識到自己是百分之百依循天命行事。不論別人提出什麼評價，不論針對改善事項而提出的專業建議是什麼，不論學員的意見是什麼，我都知道自己是百分之百落實天命。我終於徹底感受到回家般的歸屬感，為此心滿意足。

那次的學程比其他學程更好嗎？沒有。過去幾年的學程有更大獲成功的，有更神奇的。其實，那次的學程就是平均水準。

當我回顧人生，發現一件有趣的事，倫敦發生的那種時刻並不是第一次發生。如果你跟我喝杯咖啡聊聊天，我就會幫你從你的人生中找出有著類似感受的那些時刻。我在說的可不是那種很少人有過的神祕經驗。

難就難在於那一刻發生時，那樣的轉換不易察覺。我差點又錯過了。我記得上完了課，坐了下來，教室裡空盪盪的，眼前是尋常會看到的景象，比如說，偶然留下的紙張，沒填寫的評量表，名牌。待在這個安靜的地方，內心不由得有所感，我開始寫下感受。正當我寫著的時候，我提出了大家在動人時刻下不由得想問的問題：「我會一直待在這裡嗎？」唯有現在，當我寫著這些字的時候，一切都清晰了起來，這裡，現在，當我寫著這些字的時候。看吧，我又把倫敦的那一刻給忘了。沃克特的描繪實在精湛許多。

把你的心還給
心，還給那個陌生人，他愛了你
一輩子，你置之不理，
愛上別人，他發自內心懂得你。

其實，唯有我能把「抵達終點」的恩賜送給自己。我永遠拿不到奧斯卡獎、東尼獎、諾貝爾獎，永遠當不了舉足輕重的執行長，永遠贏不了選舉，永遠收不到可用來確立「抵達終點」的其他外在標記。輔導那些擁有前述東西的人物，倒是有意思，原來他們多半還在等著抵達終點！對許多人而言，那好比一顆球，快要抓住球，球就一直被踢走。

那麼，要怎麼樣才會知道呢？要怎麼樣才會知道自己已經抵達自家大門的終點了？

如果你在這個世界行事的方式，清楚展現出你的天命，那麼這時你就會知道，別人也會知道。

抵達時不會有喇叭樂音響起，反而是更有責任在大家面前彰顯我的天命帶來的恩賜。有時，我表現得比別人要好，沒錯，我每天都會核對分數。

你的天命一直都在那裡，永遠都在那裡。

本書通篇都提過了，我的天命是：「**讓你清醒過來，讓你終於獲得回家般的歸屬感。**」這句話充分詮釋出我的天命，但是在此提醒你，這些話只不過是一把鑰匙。你的天命向來都是一樣的，也永遠會是一樣的。不過，經過一段時日，你也許會把房間鑰匙給換了。對我而言，新的句子來自於學員的聲音。幾年前，他走向我，露出微笑，說：「我喜歡你的使命宣言，不過你在我面前展現的樣子，有一些話可以更充分描繪出來。」此後，我就用這些話來呈現我帶給這世界的獨特天賦——我的天命。我一開口說出來，就不由得露出微笑。

尼克的使命宣言

我是甘道夫，敲著你家大門。

你開了門，就會認清你內心深處的真實本貌。

我以本書敲著你家大門，就像是甘道夫在《魔戒》的開頭所做的，夏爾的佛羅多．巴金斯開了門，此後就踏上旅程，尋求他內心深處的真實本貌。

所以，我在敲的是你家大門。天命引領你的方式是別的事物做不到的。

出發吧！

請填寫使命感，就是超能力自我評量。

請再度填寫使命感，就是超能力自我評量，看看使命感，就是超能力帶來的影響！

www.coreleader.com/survey

如果你在本書前面部分就已經填過自我評量，請記得比對兩者的分數。

如有任何疑問意見，或想深入了解我們的工作，請至 www.coreleader.com。

誌謝

完成本書最需要感謝的是我的天命。天命幫助我放棄易行的歧途，選擇難走的正道。我設下一堆路障，但我的天命毫不退縮。天命一直敲著我家大門，要我寫這本書，不停敲到我開門請它進來。比起長時間做其他事情獲得的感受，寫這本書時獲得的歸屬感更為強烈。很奇怪，以前寫作向來是「不得不做」的事，而不是「想做」的事，現在寫作成了「喜愛」的事，這百分之百歸功於我的天命。

我前半輩子從未寫作。我喜愛那些寫得很好的書籍，每讀一頁就想繼續讀下一頁。於是，我去找了神出鬼沒的代筆作家。我找到佩芮．麥金托希（Perry McIntosh），而她也答應了。她在哈佛商學院出版公司工作多年，幫人寫商業書。她的天命是：「戳一戳，看看會發生什麼事。」我覺得她跟我的合作最是精采傳達出她的天命。我寫完書，文字讀起來還可以，但她經手之後，讀起來非常好。

在此感謝七十五名以上的受訪者分享他們的人生故事。而為了百分之百精準描繪故事，要反覆進行編輯作業過程，在此特別感謝忍受這過程的受訪者。有些人的冒險故事，本書並未刊登，但沒有你們的話，本書主題就無以存在。我們原本看不見的，在每個人訴說故事以後，就開始看見了，看見使命感，就是超能力帶來的實質影響。

布芮尼．布朗提議撰寫推薦序，她發揮充沛的活力，履行承諾。我們全都需要神仙教母的幫助，而布芮尼就是我心目中最接近神仙教母的人。她早別人一步閱讀初稿，把我再引薦給珍妮佛．魯道夫．沃許（Jennifer Rudolph Walsh），於是珍妮佛成了我的書籍代理人。結果發現十年前珍妮佛就參加過我的課程並找到天命。我們重新聯繫的時候，我差點就從椅子上跌下來，而珍妮佛在電話的另一端主動說：「世人就要理解天命是什麼了，我們一起推動吧。」

喬蒂．史卡伯（Jodi Scarbrough）和湯姆．杜賓斯基（Tom Dubinski）負責確定我說的話是真確無誤的，書中提及的領導者、作者、資料都精準無誤並正確引用。還有一點更重要，湯姆完成了細節繁瑣的工作，取得所有的許可，付出的心力不亞於寫這本書！此外，喬蒂有如魔法精靈，讓我們全都保持在正軌上，確定清單上數以百計的細節全都經過核對且正確無誤。

我深切感激史考特．史努克（Scott Snook），他是最厲害的啦啦隊長，把我拖進這淌渾水，堅持我們倆共同為《哈佛商業評論》雜誌撰寫〈從天命到影響力〉一文。為《哈佛商業評論》撰寫文章，我體會到還有更多內容有待揭露。我多次試圖說服史考特合寫這本書，但他拒絕了。他聰明得督促我一個人寫書，因為他知道我需要徹底找到自己的聲音。史考特，謝謝你一直踢我的屁股，要我往前邁進。

跟我共事十年的比爾・喬治出現在講述真誠的那一章。我們共事的情況加上他對我的信心，這些年帶來莫大的影響。假如我們沒合作，假如比爾沒支持我更徹底實踐天命型領導來深切傳達出我的真誠領導力，那麼本書就無以存在。

過去十年來，我很幸運，能有卡蘿・柯夫曼（Carol Kauffman）當我的陪練，幫我採用更完善的方法，教導資深領導者實踐天命領導法，畢竟還有其他事物會一直把資深領導者拉往另一個方向。從我們多年的共事經驗當中，我體會到內心深處的真貌總是在那裡有待發掘。

有時，你需要前任准將敲開你家大門。丹娜・伯恩（Dana Born）「強迫」我跟她一起以機構使命為主題，寫篇學術論文。機構使命那一章許多主題的存在，都是多虧了她的堅持。我多次促成機構使命發揮實際作用，她堅持要我把這些冒險心得分享給讀者。

丹娜，還有狄娜・波佐（Dina Pozzo）和大衛・何普利（David Hopley）這兩位勇氣專家，這三位對於我領會的天命與勇氣間的深刻關係，給了不少提點。狄娜，你的鼓勵一度督促我揭開了以前看不見的事物並把事情做好！

為揭開天命的訣竅而踏上的旅程，沒人比愛咪・艾弗岡（Amy Avergun）懂得更多，她共同設計了我們多年教導的許多學程。當愛咪說：「尼克，這想法很棒，那麼你認為真實的人們實際上想怎麼做？」此時，我就知道很快會有重大進展！內心深處的真貌有許多形式，而在絕大多數的情況下，愛咪都能指出一條明路。

本書之所以得以出版，強納森．唐納（Jonathan Donner）帶來的影響是另一大貢獻。強納森率先為聯合利華的一千五百名優秀主管開設領導力培育學程，為期六年之久。強納森的勇氣和洞見使我們得以把工作成果帶入聯合利華機構。實際上，強納森聽完了大多數的學程，還在每次學程結束後，督促我在教法上要更上一層樓。強納森的天命是：「為我關心的人們，想出有效的解決之道。」背後的「原因」如下：

我經常設法站在事情的另一面看……或許解決之道在那方面有失簡略不足。我絕對無法甘於只看到問題的一面。我認為天命有如帆船的龍骨，不但能讓帆船不至翻覆，還能讓帆船行駛得更快速。沒有天命，就會跌跤。天命給了你架構……還有真正的方向。

我有幸受益於強納森的天命，得以成為更好的人。強納森的開創之舉就是請畢業學員回到課堂上，扮演關鍵的角色，親身見證天命帶來的影響。畢業學員的貢獻，加上許多深夜酒吧閒聊，化為最初的動人見解，闡釋天命帶來的實質影響。對於所有分享故事的人，在此萬分感激。

多年來，跟我共事的幾位同仁經常要我往後退一步，思考自己放在紙頁上的內容。凱文．史密斯（Kevin Smith）、艾夫．基奧（Alph Keogh）、約翰．哈斯凱（John Haskell）與我相識十五年以上，他們提出的每個意見或建議都帶來了影響，成果化為紙頁上的真理。琴．卡帕勤（Jean Capachin）提出最了不起的意見和見解，雖未做過這類工作，卻與我相識多年。親切又坦率的能力是天賦，為此我十分感激。

謝謝毛羅．狄普瑞塔（Mauro DiPreta）以編輯身分提供莫大幫助。沒錯，很多人都認為好編輯都離開了，但在此要告訴大家，至少有一位還在。我有個願望就是跟一流編輯共事，我的願望實現了，讀者也獲益良多。

謝謝母親，沒錯，她把我帶到這個世界，也是閱讀校對本書的最後一人。母親在印刷公司工作三十五年，對紙頁上的內容可說是慧眼獨具，還把她的獨特天賦帶給了我。

特別感激兩位女兒，芮妮和姬莉。這些年來，我拖著她們進入這場冒險，她們還是愛我這位爸爸。謝謝珍妮，凡是文字工作者都會希望有她這樣的夥伴。假如她沒有出現在我的人生裡，本書內容永遠無法擁有安全的空間化為文字。

最後，謝謝最重要的人——你。謝謝你閱讀本書，還真的讀了誌謝的內容，這表示你很享受這趟旅程。我向你舉杯祝賀。

附注

Part 1

第1章

1. Cummings, e. e. *A Miscellany*.Argophile Press, 1958.

2. Shakespeare, William.*As You Like It*. Edited by Susan L. Rattiner.Dover Publications, 1998.

3. Aurelius, Marcus.*The Emperor's Handbook: A New Translation of the Meditations*.Translated by C. Scot Hicks and David V. Hicks.Scribner, 2002.

4. Montgomery, Cynthia, A. *The Strategist*.Ebook ed. HarperCollins, 2012.

5. Seligman, Martin P. E. *Flourish: A Visionary New Understanding of Happiness and Wellbeing*.Free Press, 2011.

6. Pink, Daniel, H. *Drive: The Surprising Truth About What Motivates Us*.Riverhead Books, 2009.

7. Ibarra, Herminia.*Act Like a Leader, Think Like a Leader*.Kindle edition.Harvard Business Review

Press, 2015.

8. "The Human Era @ Work: Findings from The Energy Project and *Harvard Business Review.*" 2014. PDF.

9. Levit, A., and S. Licina.*How the Recession Shaped Millennial and Hiring Manager Attitudes about Millennials' Future Careers*.Career Advisory Board, DeVry University.2011.

10. Koizumi, M., H. Ito, Y. Kaneko, and Y. Motohashi. "Effect of Having a Sense of Purpose in Life on the Risk of Death from Cardiovascular Diseases." *Journal of Epidemiology* 18, no. 5（2008）: 191–19 6.

11. "Population by Age, Sex, and Urban/Rural Residence." UN Data — A World of Information, United Nations Statistics Division, last update: 22 May 2017. http://data.un.org/Data .aspx?d=POP&f=tableCode% 3A22.

12. Sengupta, Somini. "The World Has a Problem: Too Many Young People." *New York Times*, 5 March 2016, https://www.nytimes.com/2016/03/06/sunday-review/ the-world -has-a-problem-too-many-young-people.html.

第2章

1. Gladwell, Malcolm. "Creation Myth: Xerox PARC Lab, Apple, and the Truth about Innovation." *New Yorker*, 16 May 2011. https://www.newyorker.com/magazine/2011/05/16/ creation -myth.

2. Gentile, Mary, C. *Giving Voice to Values*.Yale University Press, 2010.

3. Stephen E. Lucas, "Justifying America: The Declaration of Independence as a Rhetorical Document," in Thomas W. Benson, ed., *American Rhetoric: Context and Criticism*.Southern Illinois University Press, 1989.

4. Ellis, Joseph J. *American Creation*.Knopf Doubleday, 2007.

第3章

1. Itzkoff, Dave. "Tim Burton, at Home in His Own Head." *New York Times*, 19 September 2012, http://www.nytimes .com/2012/09/23/movies/ tim-burton-at-home-in-his-own-head.html.

第4章

1. Nietzsche, Friedrich.*Twilight of the Idols*.1889.Penguin Classics, 1990.

2. Bennis, Warren G., and Robert J. Thomas.*Geeks and Geezers*.Harvard Business School Publishing, 2002.

3. George, Bill, Nick Craig, and Scott Snook.*The Discover Your True North Fieldbook*.John Wiley & Sons, 2015.

第5章

1. Leider, Richard J. *The Power of Purpose: Find Meaning, Live Longer, Better*.MJF Books, 2000.
2. Frost, Robert.*The Poetry of Robert Frost*.Edited by Edward Connery Lathem.Henry Holt & Company, 1969.

Part 2

第6章

1. William Stafford, "The Way It Is," from *Ask Me: 100 Essential Poems*.Copyright ©1998, 2014 by William Stafford and the Estate of William Stafford.Reprinted with the permission of The Permissions Company, Inc., on behalf of Graywolf Press, www. graywolfpress.org.

Part 3

第7章

1. "Clarity." *Oxford Dictionary of English*, 3rd ed. Oxford University Press, 2010.
2. "Focus." *Oxford Dictionary of English*, 3rd ed. Oxford University Press, 2010.

3. "Confidence." *Merriam-Webster Dictionary*, new ed. Merriam-Webster, Inc., 2016.

第8章

1. .Dweck, Carol S. *Mindset: The New Psychology of Success*.Ballantine Books, 2016.
2. Grant-Halvorsen, Heidi.*Succeed: How We Can Reach Our Goals*.Hudson Street Press, 2011.
3. Godin, Seth.*Purple Cow: Transform Your Business by Being Remarkable*.Portfolio, 2003.

第9章

1. George, Bill. "The Truth about Authentic Leaders." Harvard Business School, 6 July 2016, https://hbswk.hbs.edu/item/ the-truth-about-authentic-leaders.
2. "Authentic." *Merriam-Webster Dictionary* .New ed., 2016.
3. George, Bill.*Authentic Leadership: Rediscovering the Secrets to Creating Lasting Value*.Jossey-Bass, 2003.

第10章

1. Brooks, David. "Making Modern Toughness." *New York Times*, 30 August 2016, https://www.nytimes.com/2016/08/30/opinion/ making-modern-toughness.html.

第11章

1. "Employee Engagement." Investopedia.2017, https://www.investopedia.com/terms/p/ performance -appraisal.asp-0.

2. "2017 Trends in Global Employee Engagement." Aon Hewitt, 2017.PDF.

3. "2016 Global Purpose Index — Purpose at Work." Imperative and LinkedIn.2016.PDF.

第12章

1. .Excerpt（s）from *The Upside of Stress: Why Stress Is Good for You, and How to Get Good at It* by Kelly McGonigal, copyright © 2015 by Kelly McGonigal, PhD.Used by permission of Avery, an imprint of Penguin Publishing Group, a division of Penguin Random House LLC.All rights reserved.

2. Baumeister, Roy F., Kathleen D. Vohs, Jennifer L. Aaker, and Emily Garbinsky. "Some Key Differences Between a Happy Life and a Meaningful Life." *Journal of Positive Psychology* 8, no. 6（2013）: 505– 516.

3. Hill, Patrick L., and Nicholas A. Turiano. "Purpose in Life as a Predictor of Mortality Across Adulthood." *Psychological Science*, no. 25（2014）: 1482– 1486.

4. *State of the Global Workplace: Employee Engagement Insights for Business Leaders Worldwide.*Gallup（2013）, 12.Reprinted with the permission of Copyright Clearance Center, on behalf of Gallup.

5. "Stress Effects on the Body." American Psychological Association. http://www.apa.org/helpcenter / stress-body.aspx.

6. Maddi, Salvatore R. "The Story of Hardiness: Twenty Years of Theorizing, Research, and Practice." *Consulting Psychology Journal: Practice and Research* 54, no. 3（2002）：173–185.

第13章

1. Wheat, Colonel Clayton E. "West Point Cadet Prayer."

2. UNHCR-Women.January 30, 2018. http://www.unhcr.org/en-us/women.html.

3. "Colonel Everett Spain, HBS Doctoral Student, to Receive Army Soldier's Medal." Harvard Law Armed Forces Association, 15 April 2014, https://orgs.law.harvard.edu/ armed/tag/ everett-spain/.

4. Tate, Bernard. "Boston Marathon Hero Awarded Soldier's Medal." The United States Army, 28 April 2014, www.army.mil/article/124781.

5. Spain, Everett S. P., Colonel, U.S. Army.Soldier's Medal Ceremony Comments, 18 April 2014, Harvard Business School, Boston, MA.

6. Putman, Daniel. "Philosophical Roots of the Concept of Courage." *The Psychology of Courage: Modern Research on an Ancient Virtue*.Edited by Cynthia L. S. Pury and Shane J. Lopez.American Psychological Association, 2010.

第14章

1. Shaw, George Bernard.*Man and Superman*.Archibald Constable, 1903.

2. Frankl, Victor.*Man's Search for Meaning*.1959.Beacon Press, 2006.

3. Senior, Jennifer. "All Joy and No Fun: Why Parents Hate Parenting." *New York Magazine*（4 July 2010）, http://nymag.com/news/features/67024/.

4. Senior, Jennifer.*All Joy and No Fun: The Paradox of Modern Parenting*.New York: HarperCollins, 2014.

5. Baumeister, Roy F., Kathleen D. Vohs, Jennifer L. Aaker, Emily Garbinsky. "Some Key Differences Between a Happy Life and a Meaningful Life." *The Journal of Positive Psychology* 8, no. 6（2013）: 505– 516.

6. Aristotle.*The Eudemian Ethics*.Translated by Anthony Kenny.Oxford University Press, 2011.

7. From *Grit: The Power of Passion and Perseverance by Angela Duckworth*.Copyright © 2016 by Angela Duckworth.Reprinted with the permission of Scribner, a division of Simon & Schuster, Inc. All rights reserved.

第15章

1. Campbell, Joseph.Interview by Bill Moyer.Episode 1: *Joseph Campbell and the Power of*

Myth — "The Hero's Adventure." 21 June 1988, http://billmoyers.com/content/ep-1 -joseph-campbell-and-the-power-of-myth-the-hero% E2% 80% 99s -adventure-audio/.

2. Mogilner, Cassie, Zoë Chance, and Michael I. Norton. "Giving Time Gives You Time." *Psychological Science* 23, no. 10（2012）: 1233-123 8.

3. Bailey, Catherine, and Adrian Maden. "What Makes Work Meaningful — or Meaningless." *Sloan Management Review*（1 June 2016）.

4. Worline, Monica, James E. Dutton.Awakening Compassion at Work: The Quiet Power That Elevates People and Organizations.Berrett-Koehler Publishers, 2017.

5. "Private Sector." World Food Programme, http://www1.wfp.org/index.php/node/280.

第16章

1. Schultz, Howard.Interview by Carmine Gallo. "What Starbucks CEO Howard Schultz Taught Me about Communication and Success." *Forbes*, 19 December 2013, https:// www.forbes.com/sites/carminegallo/2013/12/19/what-starbucks -ceo-howard-schultz-taught-me-about-communication-and -success/#18c57e4428af.

2. Schultz, Howard.Interview by Oprah Winfrey. "Super Soul Sunday — The Coffee Culture Howard Schultz Wanted to Bring to America." Season 4, Episode 435, 8 December 2013, http://www.oprah.

com/ own-super-soul-sunday/ the-coffee -culture-howard-schultz-wanted-to-bring-to-america-video.

3. "Our Mission." Starbucks Corporation, 7 December 2017, https://www.starbucks.com/about-us/company-information/ mission-statement.

4. Schultz, Howard.*Onward: How Starbucks Fought for Its Life without Losing Its Soul.*Rodale, 2011.

5. Schultz, Howard.Commencement address to the class of 2017, 8 May 2017, Arizona State University.

6. Stengel, Jim.*Grow: How Ideals Power Growth and Profit at the World's Greatest Companies.*Random House, 2011.

7. Collins, Jim, Jerry I. Porras."Building Your Company's Vision."*Harvard Business Review*（September–October 1996）.

8. "The Purpose-Driven Professional: Harnessing the Power of Corporate Social Impact for Talent Development." Deloitte University Press, 2015.

9. Baskin, Jonathan Salem. "Can DBS Make Banking Joyful?" *Forbes*（21 December 2015）.

10. "NPR's Delicious Dish: Schweddy Balls," *Saturday Night Live*, NBC, Season 24, 1998.

第17章

1. Roosevelt, Theodore. "Citizenship in a Republic." Delivered at the Sorbonne, in Paris, France, 23

April 1910.

2. Brown, Brené.*Daring Greatly: How the Courage to Be Vulnerable Transforms the Way We Live, Love, Parent, and Lead*.Penguin Putnam, 2012.Excerpt（s）from *Daring Greatly: How the Courage to Be Vulnerable Transforms the Way We Live, Love, Parent, and Lead* by Brené Brown, copyright © 2012 by Brené Brown.Used by permission of Gotham Books, an imprint of Penguin Publishing Group, a division of Penguin Random House LLC.All rights reserved.

3. Quinn, Robert E. *Building the Bridge as You Walk on It: A Guide for Leading Change*.Jossey-Bass Books, 2004.

4. Ericsson, Anders K., R. Krampe, and C. Tesch-Römer. "The Role of Deliberate Practice in the Acquisition of Expert Performance." *Psychological Review* 100, no. 3（1993）: 363-406.

5. Duckworth, Angela.*Grit: The Power of Passion and Perseverance*.Kindle edition.Scribner, 2016.

6. Csikszentmihalyi, Mihaly.*Flow: The Psychology of Optimal Experience*. Harper & Row, 1990.

翻轉學 翻轉學系列 004

使命感，就是超能力：

發掘自己的天賦特質，順從天命發揮所長，人生步上正軌，個人成就邁向巔峰

Leading from Purpose: Clarity and the Confidence to Act When It Matters Most

作　　者　尼克．克雷格（Nick Craig）
譯　　者　姚怡平
總 編 輯　何玉美
主　　編　林俊安
封面設計　FE 工作室
內文排版　黃雅芬

出版發行　采實文化事業股份有限公司
行銷企劃　陳佩宜．黃于庭．馮羿勳
業務發行　盧金城．張世明．林踏欣．林坤蓉．王貞玉
國際版權　王俐雯．林冠妤
印務採購　曾玉霞
會計行政　王雅蕙．李韶婉
法律顧問　第一國際法律事務所　余淑杏律師
電子信箱　acme@acmebook.com.tw
采實官網　www.acmebook.com.tw
采實臉書　www.facebook.com/acmebook01

I S B N　978-957-8950-82-5
定　　價　380 元
初版一刷　2019 年 1 月
劃撥帳號　50148859
劃撥戶名　采實文化事業股份有限公司
104 台北市中山區建國北路二段 92 號 9 樓
電話：(02)2518-5198　傳真：(02)2518-2098

國家圖書館出版品預行編目資料

使命感，就是超能力：發掘自己的天賦特質，順從天命發揮所長，人生步上正軌，個人成就邁向巔峰 / 尼克．克雷格（Nick Craig）著；姚怡平譯. -- 台北市：采實文化，2019.01
368 面；14.8×21 公分. --（翻轉學系列；04）
譯自：Leading from Purpose: Clarity and the Confidence to Act When It Matters Most
ISBN 978-957-8950-82-5（平裝）
1. 企業領導 2. 職場成功法
494.2　　107021339

Leading from Purpose: Clarity and the Confidence to Act When It Matters Most
Copyright © 2018 by Nick Craig
Traditional Chinese edition copyright © 2019 by ACME Publishing Co., Ltd.
This edition is published by arrangement with William Morris Endeavor Entertainment, LLC.
through Andrew Nurnberg Associates International Limited.
All rights reserved.

采實出版集團
ACME PUBLISHING GROUP

版權所有，未經同意不得
重製、轉載、翻印